中国开源发展深度报告
（2024）

开放原子开源基金会　主编

电子工业出版社
Publishing House of Electronics Industry
北京·BEIJING

内 容 简 介

本书旨在全面反映2024年中国开源领域的发展情况，系统研究了开源项目与开发者发展整体态势、开源许可证的应用与发展、代码托管平台发展整体态势、重点技术领域开源发展态势、重点行业领域开源应用态势、开源安全发展态势、地方开源发展态势、开源教育与开源学术发展态势，以及开源商业化发展态势。

本书可作为高校、开源企业、科研院所及投资机构相关研究人员的参考书，为开源生态建设中的各方提供有益参考。

未经许可，不得以任何方式复制或抄袭本书之部分或全部内容。
版权所有，侵权必究。

图书在版编目（CIP）数据

中国开源发展深度报告. 2024 / 开放原子开源基金会主编. -- 北京：电子工业出版社, 2025. 7. -- ISBN 978-7-121-50844-8

Ⅰ. TP311.52

中国国家版本馆CIP数据核字第2025Y597Y0号

责任编辑：张正梅
印　　刷：北京宝隆世纪印刷有限公司
装　　订：北京宝隆世纪印刷有限公司
出版发行：电子工业出版社
　　　　　北京市海淀区万寿路173信箱　邮编　100036
开　　本：787×1 092　1/16　印张：11.5　字数：165.6千字
版　　次：2025年7月第1版
印　　次：2025年7月第1次印刷
定　　价：89.00元

凡所购买电子工业出版社图书有缺损问题，请向购买书店调换。若书店售缺，请与本社发行部联系，联系及邮购电话：（010）88254888，88258888。

质量投诉请发邮件至zlts@phei.com.cn，盗版侵权举报请发邮件至dbqq@phei.com.cn。

本书咨询联系方式：zhangzm@phei.com.cn。

前　言

开源孕育形成于软件领域，发展壮大于数字经济，是新时代推动经济发展、科技创新、文化繁荣与全球开放合作的重要实践，是促进全球技术创新、产业协作和资源重组，加快培育新质生产力的重要路径。党中央、国务院高度重视开源体系建设，国家软件发展战略和"十四五"规划均对开源做出重要部署，为我们凝心聚力共促开源发展指明前进方向。

在促进技术创新方面，开源通过将创新成果、知识信息开放共享，促进创新资源的自由流动和高效配置，激发创新活力。在提升产品价值方面，开源已覆盖软件产品全栈，重塑软件的商业模式和价值链。在构建产业生态方面，开源有效拉通需求侧和供给侧，实现产品研发与应用推广同步进行，大幅提升研发应用整体效能，持续加快技术和产品迭代升级步伐。在引领未来发展方面，开源为数字经济时代构筑关键公共基础设施、开辟新领域新赛道、塑造新动能新优势提供强有力支撑。

近年来，我国扎实构建国内开源体系，在项目社区培育、行业推广应用、开源文化传播、开源人才培养等方面大力探索，取得积极成效。在项目和社区培育上，新一代操作系统、人工智能、数据库等关键技术领域涌现出一批优秀开源项目。在行业推广应用上，开源生态建设各主体协同发力，逐步形成了政府规范引导、企业守正创新、社会组织服务支撑的共建格局，初步构建了多元参与、包容共治、协同演进的开源创新体系，实现了开源福祉的普惠可持续、开源风险的可控可干预，为我国数字经济的高质量发展夯实了基础。

为加速推进开源体系建设的发展，特设立开放原子开源基金会。在工业和信息化部的指导下，在社会各界的大力支持下，特别是在理事单位和捐赠人的积极参与下，开放原子开源基金会积极推进开源基础设施打通与完善、开源项目引入和培育、开源社区建设和开源人才培养，与各参与主体协作配合，强化资源整合与联动，促进更多企业深度参与开源，更多开发者加入社区贡献，更多开源成果惠及产业发展。

《中国开源发展深度报告（2024）》是开放原子开源基金会首度尝试编写的年度开源发展报告，携手近二十家国内知名高校、开源企业、科研院所及投资机构，凝聚了产学研用投各方的集体智慧，既有一定的科普性，也有内容和数据上的深入探索，旨在真实反映 2024 年中国开源发展的奋进足迹与近三年的跃迁轨迹。希望本书不仅能够还原数据与事实，为读者了解中国开源全貌提供一份参考，更能够传递中国开源体系加快建设、开源发展潜能加快释放的理念与信心，成为激励更多人投身开源创新、共创数字未来的号角。由于编写时间有限，本书内容有很多不足之处，恳请广大业内同人、社区伙伴与关心开源的朋友指正，项目负责人的联系邮箱是 zhaohailing@openatom.org。

《中国开源发展深度报告》项目组

目　录

一、开源的重要价值 ……………………………………………………… 1
 （一）开源：驱动数字经济协同创新的引擎 ………………………… 2
 （二）开源：塑造未来产业竞争力的战略支点 ……………………… 3
 （三）开源：多元主体协同共建的创新生态 ………………………… 4

二、开源项目与开发者发展整体态势 …………………………………… 6
 （一）开源贡献量发展态势 …………………………………………… 7
 （二）开源进出口贡献量发展态势 …………………………………… 11
 （三）活跃及新增活跃开源项目发展态势 …………………………… 16
 （四）技术领域代码贡献量发展态势 ………………………………… 23
 （五）活跃及新增活跃开源开发者发展态势 ………………………… 28
 （六）技术领域活跃开源开发者发展态势 …………………………… 35

三、开源许可证的应用与发展 …………………………………………… 37
 （一）开源许可证的应用逻辑 ………………………………………… 39

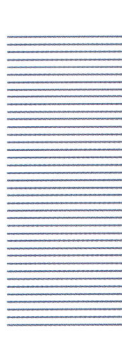

（二）开源许可证的应用情况 ··· 39
（三）中国开源许可证的发展及现状 ··· 42
（四）司法判决所支持的开源规则和我国实践案例 ························ 46

四、代码托管平台发展整体态势 ··· 59
（一）国内代码托管平台发展情况 ·· 60
（二）国内代码托管平台发展挑战 ·· 61
（三）国内平台之间的竞争与合作 ·· 63
（四）代码托管平台的发展建议 ··· 64

五、重点技术领域开源发展态势 ··· 66
（一）开源操作系统领域发展态势 ·· 66
（二）开源人工智能领域发展态势 ·· 72
（三）开源数据库领域发展态势 ··· 77
（四）重点技术领域开源发展建议 ·· 82

六、重点行业领域开源应用态势 ··· 84
（一）重点行业开源应用持续深入 ·· 84
（二）金融行业开源应用发展态势 ·· 86
（三）通信行业开源应用发展态势 ·· 89
（四）能源电力行业开源应用发展态势 ······································ 93
（五）重点行业领域开源应用发展建议 ······································ 95

七、开源安全发展态势 ··· 98
（一）开源漏洞发展概述 ··· 99
（二）开源 SBOM 发展态势 ··· 108
（三）开源 SBOM 发展存在的问题及建议 ································ 113

八、地方开源发展态势 ··· 115
（一）地方开源发展概况 ··· 115
（二）地方开源典型城市 ··· 118
（三）地方开源发展存在的问题及建议 ···································· 123

九、开源教育与开源学术发展态势 ···················· 125
　（一）开源教育现状 ································· 125
　（二）开源教育面临的主要挑战 ······················ 130
　（三）开源教育的发展建议 ·························· 131
　（四）开源学术研究现状及挑战 ······················ 133
　（五）开源学术发展建议 ···························· 138

十、开源商业化发展态势 ································ 140
　（一）开源软件商业化的发展路径 ···················· 142
　（二）开源项目发展核心评估要点 ···················· 147
　（三）商业开源软件企业融资规模情况 ················ 148
　（四）商业开源软件企业融资轮次情况 ················ 153
　（五）部分商业开源软件企业发展情况 ················ 155
　（六）开源商业化发展面临的困难和建议 ·············· 159

参编单位 ·· 163

致谢 ·· 164

附录　2024年中国商业开源软件企业融资轮次 ············ 166

一、开源的重要价值

开源孕育于软件，壮大于数字经济，作为以开放、协作、共享为核心的新型协作方式，日益成为驱动经济发展、科技创新、国际合作与文化繁荣的重要引擎。长期以来，中国秉持开放融通、互利共赢的发展理念，积极融入全球产业链与供应链，形成了规模宏大、体系完整、竞争力强的产业基础，为开源生态的孕育发展提供了肥沃的土壤，积蓄了强大的动能，创造了有利条件。站在新的历史起点上，拥抱开源、发展开源、用好开源，符合时代潮流，符合国家战略，符合产业需要。

当前，我国在基础设施建设、项目社区培育、行业推广应用等方面开展一系列有益实践，开源体系建设取得积极成效。应用牵引方面，加快开源基础设施建设，做优做强全国性开源组织，支持重点领域开源社区发展，夯实创新底座。生态培育方面，促进传统产业转型升级，支持企业将开源纳入发展战略，支持地方在开源生态推广、开源资产评估和产融合作方面先行先试，加速成果落地。开源治理方面，开展软件物料清单管理，统筹推进开源漏洞感知、共享、预警和治理，筑牢开源安全防护屏障。协同开放方面，优化开源发展环境，加强国际合作，建设开放包容、互学互鉴、共同繁荣的开源生态。

（一）开源：驱动数字经济协同创新的引擎

开源作为数字时代以开放、共建、共享、共治为主要特征的生产方式，创新组织形态，促进协同创新，以资源共享、生态共建、成果共用的方式，推动生产力的深层跃迁。

从社会视角看，开源重塑数字公共品的生产与配置方式。开源已成为数字公共品最高效的大规模生产协作机制，跨地域、跨组织、跨时区的大规模分布式协作，取代了传统封闭式的企业内部开发流程，显著提升了生产与创新效率。同时，开源作为数字要素的最优配置方式，代码一经开放，全球即可即时共享、复用，极大地释放了创新潜力。相较于独占排他的私有知识产权制度，开源将技术堆栈转化为全球共享的数字公共品，更强调跨越时空、普惠全人类的公共知识产权理念。

从科技视角看，开源激发各主体活力，加快科技创新进程。开源以"源代码开放+去中心化协作"汇聚全球智力，促进多方协同，激发创新活力。灵活、高效的创新机制更契合数字时代技术迭代快、应用范围广的发展规律，通过共享代码和开发经验，显著降低了单一主体的研发成本，极大地提升了技术开发效率与质量。

从产业视角看，开源打破了传统产业链单向垂直分工的格局，推动形成横向协同、上下游联动、跨界融合的新型产业生态。企业在开源模式下不再是孤立的竞争者，而是协同创新网络中的一环，通过技术开放与能力共享实现成本共担、成果共创、生态共赢。开源有助于提升产业系统的柔性、韧性，加快关键技术扩散，培育更加高效、敏捷、创新驱动的现代化产业体系。

从企业视角看，开源聚合创新资源，构筑企业竞争砝码。开源既是低成本集成全球先进技术的"公共仓库"，又是塑造行业标准、构建生态壁垒的"战略利器"。越来越多的企业正在从开源技术的"使用者"向"贡献者"乃至"引领者"转变，积极参与和推动开源项目，加速技术迭代并重塑行业生态。

（二）开源：塑造未来产业竞争力的战略支点

开源是塑造国家未来产业竞争力的重要支点。在全球科技竞争加剧、技术创新周期不断缩短的背景下，开源已从单一技术创新路径演变为国际技术生态博弈的重要场域。谁能掌握并引领关键开源项目，谁就能在新兴技术体系中占据先机、掌握主动。特别是人工智能、操作系统、数据库等前沿和基础技术领域的发展，直接关乎国家在新一轮科技革命和产业变革中的主动权。同时，开源所倡导的协同创新机制，能够有效加速技术扩散、降低研发成本、促进产业链上下游协同演进，助力构建更加高效、更加开放的创新体系，全面提升我国数字经济和高新技术产业的全球竞争力。

开源是彰显中国坚持开放合作的关键路径。我国始终秉持"以开放促合作、以协同促共赢"的理念，"天下为公"的文化内涵与开源所倡导的开放、包容、互惠的本质特征深度融合。近年来，中国持续向全球贡献高质量的开源项目与治理实践，塑造了非霸权式、非排他性的合作样本，成为全球开源生态重要的参与者和推动者。随着全球化进入深度调整期，开源不仅关乎技术创新迭代，更成为国际规则重塑、全球价值体系共建的重要抓手。加快释放开源潜能，能够为全球数字合作提供多元选项和可持续范式，助力构建更加公平、包容的国际科技生态秩序，打造开放、共享的全球数字命运共同体。

开源生态建设需要系统布局、久久为功。在开源与人工智能深度融合及全球开源版图加速重构的时代背景下，我国需同步强化制度供给、生态培育及人才培养，系统打造具备全球竞争力的开源治理体系。一方面，要建立健全的激励机制和知识产权保护体系，为开源创新营造良好的政策环境；另一方面，要加快培育多元参与、协同有序的开源生态，推动"政产学研用"高效联动，激发社会各界创新活力。同时，亟需加快建设复合型开源人才培养体系，培养既懂技术又熟悉开源治理规则的专业化人才队伍。唯有坚持开放协作、坚持系统推进、坚持长期深耕，才能持续提升我国开源领域的技术创新力、生态引领力和国际竞争力，推动我国在全球开源生态中实现更高水平的参与和更高质量的引领。

（三）开源：多元主体协同共建的创新生态

开源生态的繁荣发展离不开多元主体的系统性参与和协同推进。当前，以开源基金会和行业组织、科技龙头企业、国有企业、高校、科研机构及地方政府为代表的各类主体，正各展其能，从不同层面共同推动开源技术的创新、生态体系的完善及国际影响力的提升。

开源基金会与其他社会开源组织是开源生态建设的基础性支撑力量。具体而言，开源基金会是专注于开源软件的项目培育、推广传播、法务协助及开放治理等公益性事业的非营利性组织。作为一个各方认可的中立开放组织，其发挥的作用主要体现在三个方面：一是给予项目第三方中立身份，避免因商业纷争引起开源项目孵化的重大事故，有效推动跨企业合作和技术创新，解决"共有难题"；二是为项目提供专业孵化支持，包括提供资金募集和管理支持、项目知识产权管理和合规支持、品牌建设和传播推广服务、项目运营方法和专业技术指导、基础设施保障和人才培养等服务；三是推动社区可持续健康发展，实现高效的资源聚合，推动广泛的生态拓展。当前，全球大多数顶级开源项目选择托管在开源基金会，充分体现了开源基金会在全球技术创新与协作网络中的关键支点作用。

科技龙头企业是开源技术创新与产业应用的主力军。以华为、阿里巴巴、腾讯等为代表的科技企业，在全球开源贡献榜单中持续名列前茅。

一、开源的重要价值

这些企业通过开放核心技术资源、提供基础设施及推广产业应用，不仅加速了先进技术的规模化普及，还在标准制定、生态构建和国际影响力提升等方面发挥着日益重要的作用。

国有企业正在成为开源体系建设的中坚力量。近年来，中央企业和地方国企将开源上升为战略重点，通过项目孵化、社区共建、资金和项目捐赠等多元化实践模式，深度参与开源治理与生态共建，为我国在全球开源格局中实现更高水平的参与和引领提供了重要支撑。

高校和科研院所是开源创新的源泉与动力。通过基础研究、成果开源和系统性的人才培养，高校和科研机构不断为开源社区注入前沿技术突破与新兴创新力量，成为支撑开源生态可持续发展的重要基石。

地方政府通过加强政策支持，为开源生态构建了坚实的发展环境。众多地方政府将开源作为数字经济与产业布局的重点，出台专项行动计划、设立支持资金等，助力区域开源产业生态加快形成，推动开源应用不断拓展，有效提升开源创新活力。

当前，各主体在技术创新、生态建设、人才培养与国际合作等多个维度协同共振，以前所未有的合力加速推动我国开源生态建设繁荣开放。

二、开源项目与开发者发展整体态势

全球开源生态蓬勃发展，开源贡献量、开源进出口贡献量、活跃及新增活跃开源项目数量、活跃及新增活跃开源开发者数量稳步增长。鉴于统计口径的选择会直接影响数据分析的结果，本报告采用多维度统计方法①，对过去三年的数据进行了系统分析。经验证，多维度统计方法在反映开源贡献量、开源进出口贡献量、活跃及新增活跃开源项目数量、技术领域代码贡献量、活跃及新增活跃开源开发者数量、技术领域活跃开源开发者数量方面均优于单维度统计方法。

---

① 本报告的数据主要来源于 GitHub 和 Gitee 两大国际与国内代码托管平台，由 OSS Compass 平台提供数据分析支撑，样本量规模达到亿级，具备较强的研究参考价值。具体而言，统计 GitHub 平台的开源项目数据如下：2022 年为 4214 万个，2023 年为 4705 万个，2024 年为 5265 万个。统计 Gitee 平台的开源项目数据如下：2022 年为 66 万个，2023 年为 72 万个，2024 年为 111 万个。统计 GitHub 平台的开源开发者数据如下：2022 年为 1014 万名，2023 年为 1174 万名，2024 年为 1364 万名。统计 Gitee 平台的开源开发者数据如下：2022 年为 60 万名，2023 年为 109 万名，2024 年为 146 万名。经过分析发现，大多数开发者倾向于集中在单一平台持续贡献，GitHub 与 Gitee 平台之间的开发者重叠度较低。

二、开源项目与开发者发展整体态势

（一）开源贡献量发展态势

1. 2022—2024 年全球开源贡献量发展态势

从 2022—2024 年全球 Top30 国家和地区开源贡献量①发展态势（见图 2-1）来看，全球开源贡献中心正朝着更加多极化的方向发展：传统科技强国继续引领全球贡献，但越来越多的新兴国家开始崭露头角，推动全球技术合作与创新的多元化。

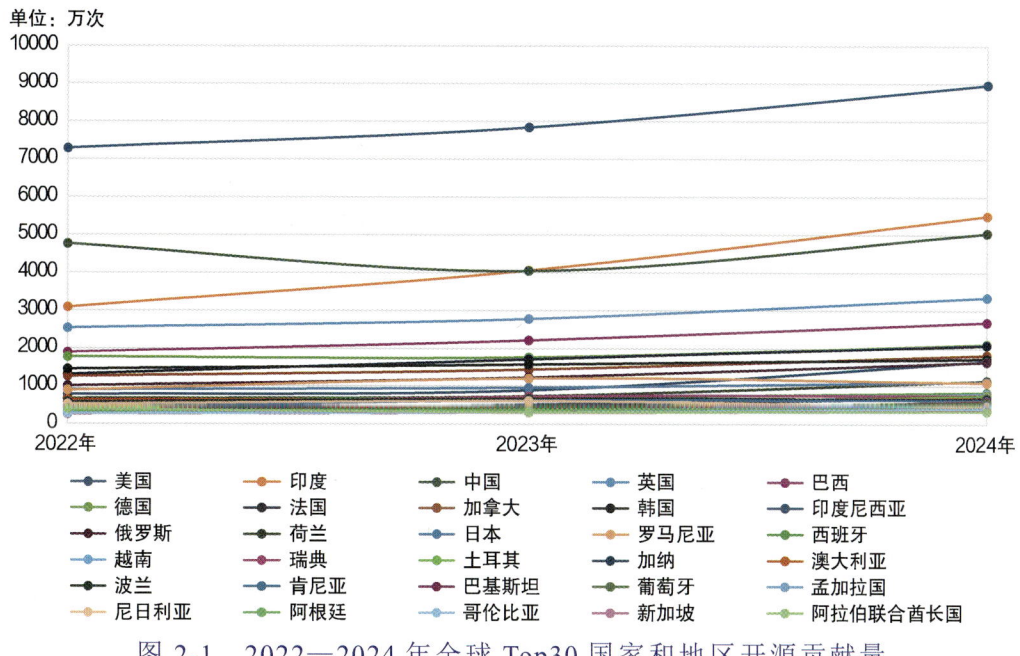

图 2-1 2022—2024 年全球 Top30 国家和地区开源贡献量

美国的开源贡献规模持续位居全球首位，但总量占比逐年下降。2024 年开源贡献量达到 8956.45 万次，同比增速 14.30%，两年平均增速 10.90%。然而，美国占全球 Top30 国家和地区开源贡献总量的比例从 2022 年的 20.41% 降至 2023 年的 19.62%，2024 年进一步降至 18.29%。

---

① 开源贡献量以代码贡献次数（Push 次数）为统计口径，反映在开源领域的实际参与度和贡献规模。

印度的开源贡献增长表现尤为突出。2024年开源贡献量达到5493.72万次，同比增速35.38%，两年平均增速33.56%。同时，印度占全球Top30国家和地区开源贡献总量的比例显著提升，从2022年的8.63%增至2023年的10.16%，2024年进一步增至11.22%。

中国的开源贡献稳步回升，增长潜力待释。2024年开源贡献量达到5033.61万次，同比增速24.44%，两年平均增速2.82%。同时，中国占全球Top30国家和地区开源贡献总量的比例整体保持稳定，从2022年的13.34%小幅回落至2023年的10.13%，2024年回升至10.28%。

欧盟的开源贡献展现出稳健的增长态势。2024年开源贡献量达到9252.85万次，同比增速16.95%，两年平均增速18.42%。其中，德国与法国"双引擎"持续发力，两者合计贡献占欧盟总量超过45%。2024年德国的开源贡献量达到2108.93万次，同比增速20.19%，两年平均增速9.41%。法国的增长更快，2024年的开源贡献量达到2084.76万次，同比增速22.24%，两年平均增速26.51%。

此外，巴基斯坦、印度尼西亚、越南等国家开源贡献量的同比增速和两年平均增速均跻身前列。2024年，巴基斯坦开源贡献量达到602.20万次，同比增速87.26%，两年平均增速52.31%。印度尼西亚达到1658.10万次，同比增速86.93%，两年平均增速46.92%。越南达到796.22万次，同比增速73.24%，两年平均增速53.00%。

在全球视角下，美国仍依托体量和质量的双重优势持续保持领先地位，但其相对份额正被新兴力量分流，开源贡献版图逐步从"单峰"走向"多峰"。全球开源发展进入关键拐点，开源生态竞争将不再是国家单一的"规模竞赛"，而是开放协作、核心技术和产业落地等方面的综合比拼。

2024年全球开源贡献总量首次突破七亿次。从2024年全球Top30国家和地区开源贡献量分布（见图2-2）来看，美国、印度和中国位居全球开源贡献量前三名，分别为8956.45万次、5493.72万次、5033.61

二、开源项目与开发者发展整体态势

万次,三者合计贡献量达到 19483.78 万次,占全球 Top30 国家和地区开源贡献总量的 39.78%,呈现出显著的头部集中效应。然而,三者合计贡献量在全球 Top30 国家和地区开源贡献总量中的占比从 2022 年的 42.38% 降至 2023 年的 39.91%,2024 年进一步降至 39.78%,累计减少了 2.6 个百分点,表明全球开源创新呈现出由"少数集中"逐步转向"多点开花"的趋势。传统技术强国保持稳步增长的同时,新兴经济体正加速追赶,全球开源生态正迈向更多中心、更强联动、更高活力的发展格局。

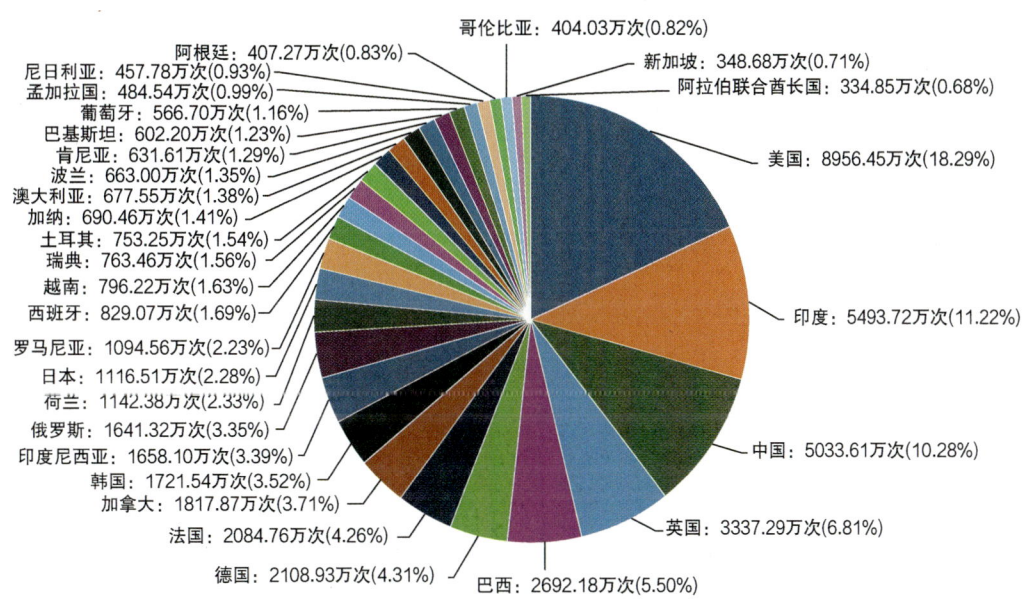

图 2-2 2024 年全球 Top30 国家和地区开源贡献量分布

2. 2022—2024 年中国城市开源贡献量发展态势

从 2022—2024 年中国 Top30 城市开源贡献量发展态势(见图 2-3)来看,整体呈现出稳定增长的势头。城市间的贡献量差距逐渐缩小,区域格局呈现"一线稳、二线快、多点起"的发展态势。

北京、上海发挥主引擎作用。北京稳居全国开源贡献首位,2024 年达到 830.33 万次,同比增速 11.59%,两年平均增速 10.94%。上海已快速恢复增长，2024年开源贡献量达到720.45万次，同比增速22.96%，两年平均增速1.10%。

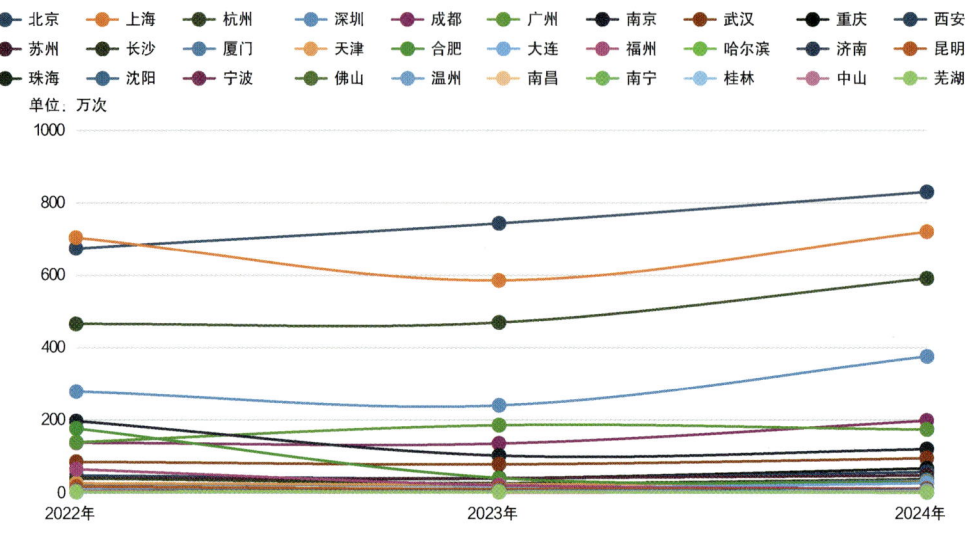

图2-3　2022—2024年中国Top30城市开源贡献量发展态势

深圳、杭州发展势头强劲。深圳成为全国开源贡献增长最快的城市，2024年开源贡献量达到375.59万次，同比增速56.45%，两年平均增速16.05%。杭州保持稳健增长，2024年开源贡献量达到591.31万次，同比增速25.89%，两年平均增速12.64%。

成都领跑西部地区，广州发展态势平稳。成都是西部地区开源贡献增长最快的城市，2024年开源贡献量达到197.97万次，同比增速45.90%，两年平均增速19.75%。广州保持了较为平稳的发展趋势，2024年开源贡献量达到173.20万次，同比下降6.58%，两年平均增速11.47%。

此外，大连、济南、重庆等城市开源贡献量的同比增速和两年平均增速均跻身前列。2024年，大连开源贡献量达到27.24万次，同比增速96.88%，两年平均增速33.05%。济南达到11.64万次，同比增速90.52%，两年平均增速24.99%。重庆达到67.49万次，同比增速66.80%，两年平均增速29.62%。

在全国视角下，开源贡献版图已由传统技术中心城市逐渐向更多城市扩展。北京、上海继续发挥"领跑"作用，发挥集聚创新资源和示范引领的重要作用。深圳、杭州、成都等创新城市加速追赶，推动创新要素在全国范围内更加均衡、更加活跃地流动。多点突破、区域联动的创新格局初步形成，为下一阶段各地开源生态的高质量、多层次发展奠定良好基础。

（二）开源进出口贡献量发展态势

从 2022—2024 年全球 Top30 国家和地区开源进出口贡献量发展态势[①]（见图 2-4）来看，2024 年全球 Top30 国家和地区的开源进出口贡献总量达到 3289.38 万次，同比增速 27.20%，两年平均增速 20.08%。从全球开源协作的进出口结构来看，在全球 Top30 国家和地区中，出口贡献量占总贡献量 50%以上的国家数量占比约为 55%。这表明，越来越多的国家和地区正在以"开源受益者"身份逐步转变为"开源贡献者"身份，全球协作网络正由单向流入演变为双向乃至多向互动。总体上看，排名靠前的少数国家和地区依然贡献了主要份额，但新兴国家和地区的参与度也有所提升，全球开源生态参与者的多样性与地域互动性进一步增强。

从 2024 年全球 Top30 国家和地区开源进出口贡献量分布（见图 2-5～图 2-7）来看，呈现稳步增长趋势。其中，美国进出口贡献量居全球之首，依托一系列全球领先的开源项目和庞大的开发者社区，2024 年进出口贡献量达到 897.12 万次，占全球 Top30 国家和地区贡献总量的 27.27%。从进出口结构来看，出口贡献占其总贡献的 53.88%，进口贡

---

① 开源进出口贡献量以代码贡献次数（Push 次数）为统计口径，是衡量国家和地区之间开源协作程度的重要指标。它被定义为某个国家或地区的开发者向其他国家或地区的开源项目贡献的代码量，即"出口"，以及该国家或地区的开源项目接受来自其他国家或地区开发者贡献的代码量，即"进口"。

献占其总贡献的 46.12%。这表明,美国不仅是全球开源贡献的重要输出者,同时也从全球各地吸纳大量开源贡献,形成了高度双向互动的全球开源协作枢纽。

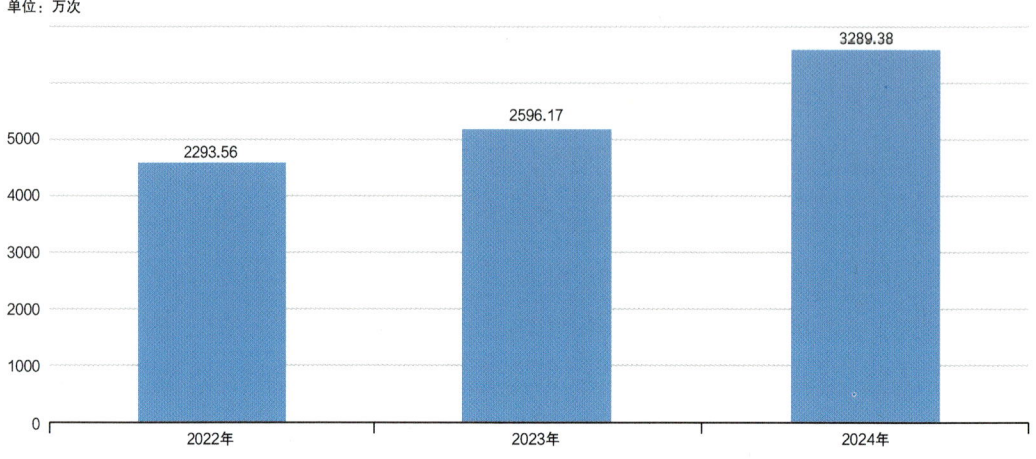

图 2-4　2022—2024 年全球 Top30 国家和地区开源进出口贡献量发展态势

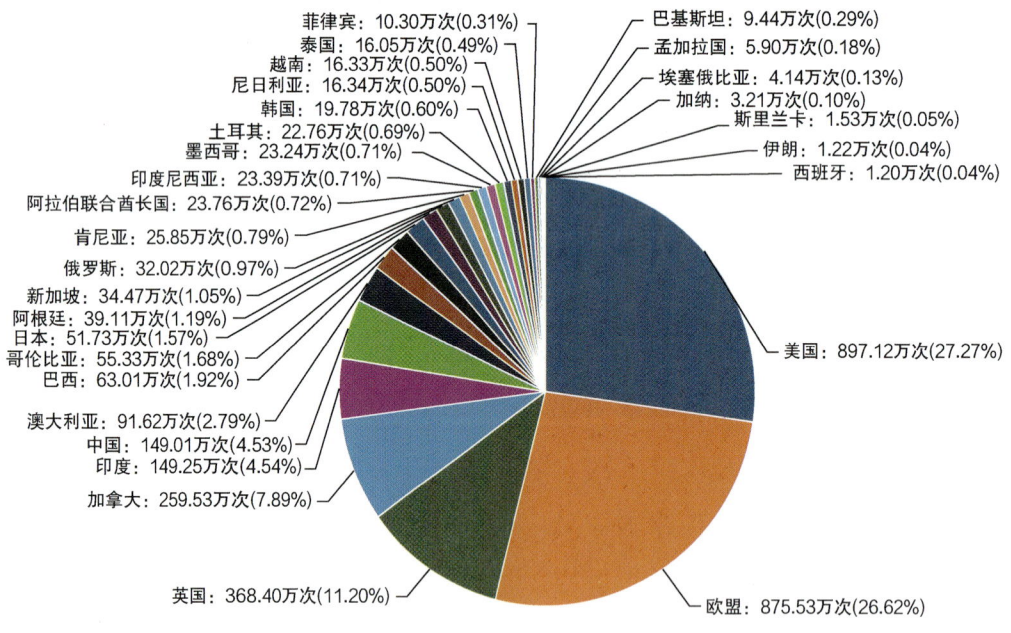

注:图中的百分比为四舍五入之后保留小数点后两位,所有百分比之和略大于 100%,可近似为 100%。

图 2-5　2024 年全球 Top30 国家和地区开源进出口贡献量分布

二、开源项目与开发者发展整体态势

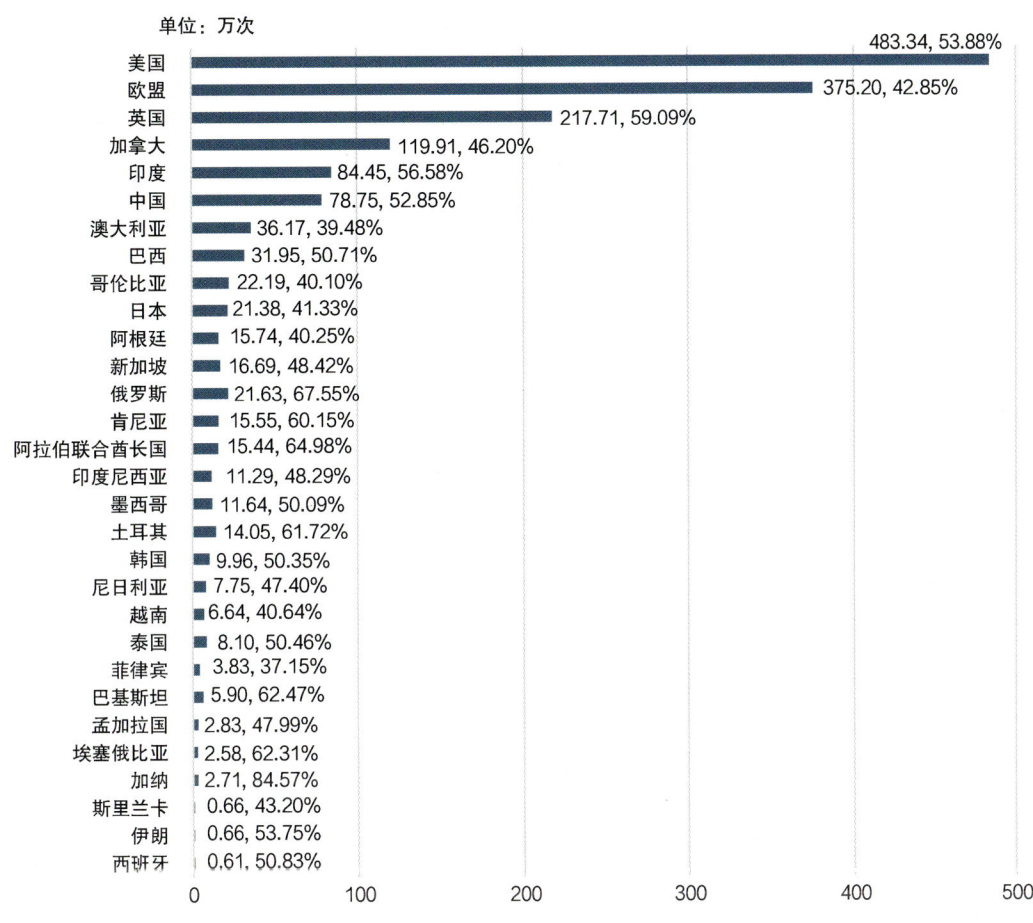

图 2-6　2024 年全球 Top30 国家和地区开源出口贡献量分布

欧盟几乎与美国并驾齐驱，成为全球开源协作的另一股核心力量。其进出口贡献量达到 875.53 万次，占全球 Top30 国家和地区贡献总量的 26.62%，与美国基本相当。从进出口结构来看，进口贡献占其总贡献的 57.15%，显著高于出口贡献。这表明，欧盟与美国的进出口结构恰恰相反，在全球范围内吸纳的进口贡献非常可观，展现出其开放且具包容性的协作模式。欧盟的协作对象主要是美国，欧美之间构成了开源协作的"双核"。同时，欧盟各成员国之间的跨国协作也日益频繁。

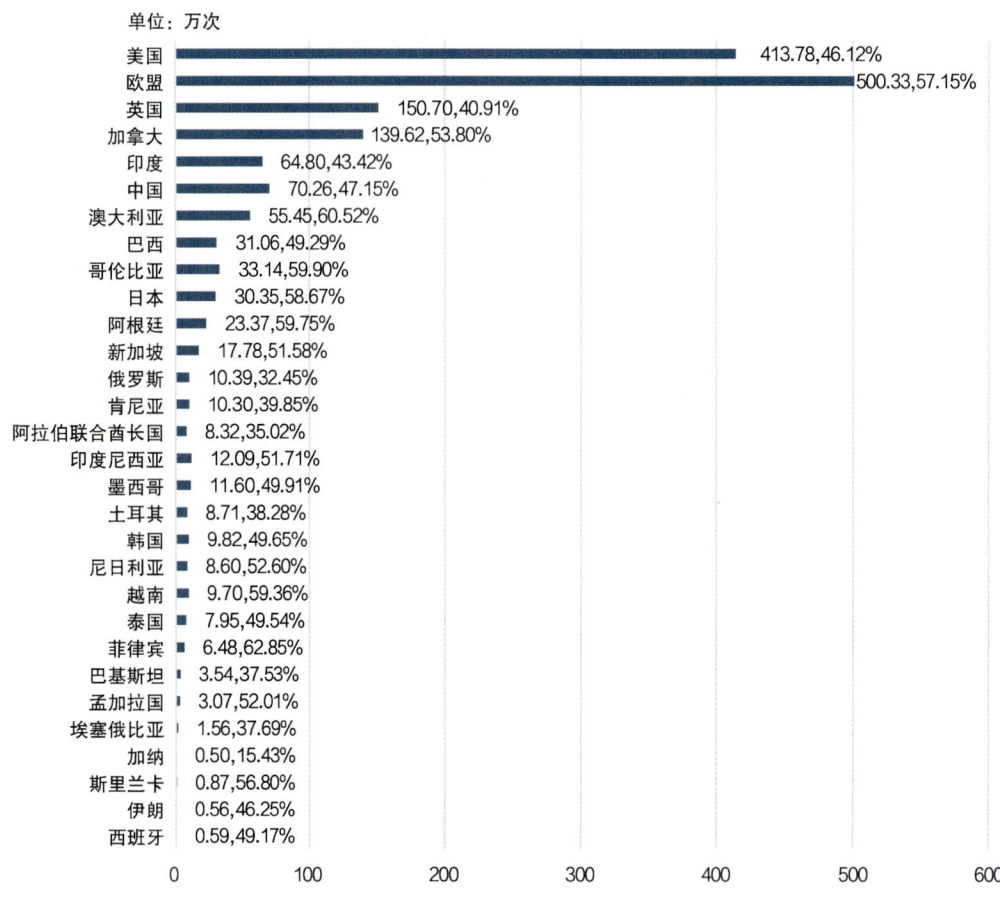

注：图中比例为占本国进口贡献量比例。

图 2-7 2024 年全球 Top30 国家和地区开源进口贡献量分布

英国在全球开源协作中扮演出口导向型角色。作为传统的科技创新强国，英国长期以来高度重视开源产业发展，政府鼓励创新，并在开源技术的开发上投入了大量的资金和人才。其进出口总贡献量达到 368.40 万次，占全球 Top30 国家和地区贡献总量的 11.20%。从进出口结构来看，出口贡献占其总贡献的 59.09%，进口贡献占其总贡献的 40.91%。这表明，英国在全球开源生态中起到了积极输出技术与创新的重要作用。

相比之下，加拿大的开源贡献进出口结构偏向进口。进出口总贡献量达到 259.53 万次，占全球 Top30 国家和地区贡献总量的比例为 7.89%。其出口贡献占其总贡献的 46.20%，进口贡献占其总贡献的 53.80%。

二、开源项目与开发者发展整体态势

印度是全球开源协作版图中新兴的输出国家。其进出口总贡献量达到 149.25 万次，占全球 Top30 国家和地区贡献总量的 4.54%。从进出口结构来看，出口贡献占其总贡献的 56.58%，进口贡献占 43.42%。

中国是全球开源协作中有较大潜力的均衡型参与者。其进出口总贡献量达到 149.01 万次，占全球 Top30 国家和地区贡献总量的比例为 4.53%。从进出口结构来看，出口贡献占其总贡献的 52.85%，高于进口贡献占比。

拉美国家的开源协作参与度逐步提升。巴西的进出口贡献量达到 63.01 万次，并展现出较为均衡的进出口结构特征，出口贡献占其总贡献的 50.71%，略高于进口贡献。哥伦比亚的进出口贡献量为 55.33 万次，虽然总量略低于巴西，但进口贡献占其总贡献的 59.90%，体现了显著的输入结构特征。

此外，俄罗斯、阿拉伯联合酋长国、澳大利亚、阿根廷等国家在开源进出口结构上呈现出各具特色的分布模式。澳大利亚和阿根廷表现为典型的进口导向型结构。其中，澳大利亚进出口贡献量为 91.62 万次，进口贡献量为 55.45 万次，进口比例为 60.52%。阿根廷进出口贡献量为 39.11 万次，进口贡献量为 23.37 万次，进口比例为 59.75%。俄罗斯、阿拉伯联合酋长国表现为典型的出口导向型结构。其中，俄罗斯进出口贡献量为 32.02 万次，出口贡献量为 21.63 万次，出口比例为 67.55%。阿拉伯联合酋长国进出口贡献量为 23.76 万次，出口贡献量为 15.44 万次，出口比例为 64.98%。

在全球视角下，开源进出口贡献量仍然以"少数枢纽主导"为主，但"多极协同共振"趋势愈发明显。美国、欧盟依然在全球开源协作体系中占据主要地位，但印度、中国及拉美国家的快速发展已成为推动全球开源协作多元化和区域均衡的重要力量。新兴国家和地区不仅在开源技术输出上占据越来越重要的地位，在技术吸收、协作效率和生态融合方面也展现出巨大的潜力。未来，全球开源协作将更加开放、多样与去

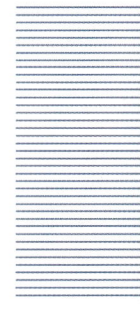

中心化，越来越多的国家和地区将在推动技术创新和开源协作中扮演更加重要的角色。

（三）活跃及新增活跃开源项目发展态势

1. 2022—2024 年全球活跃开源项目发展态势

从 2022—2024 年全球 Top30 国家和地区活跃开源项目①发展态势（见图 2-8）来看，全球开源生态正逐步演变为更加均衡的"多中心创新网络"。在规模维度，新兴国家和地区的技术输出持续增长，与传统技术强国之间形成协同互补，显著推动全球活跃开源项目分布的多样化。在质量维度，全球开源格局正呈现出"规模多元扩张"与"质量集中聚集"并存的双重特征。以美国为代表的传统技术强国，持续引领核心技术领域高质量开源项目的发展。

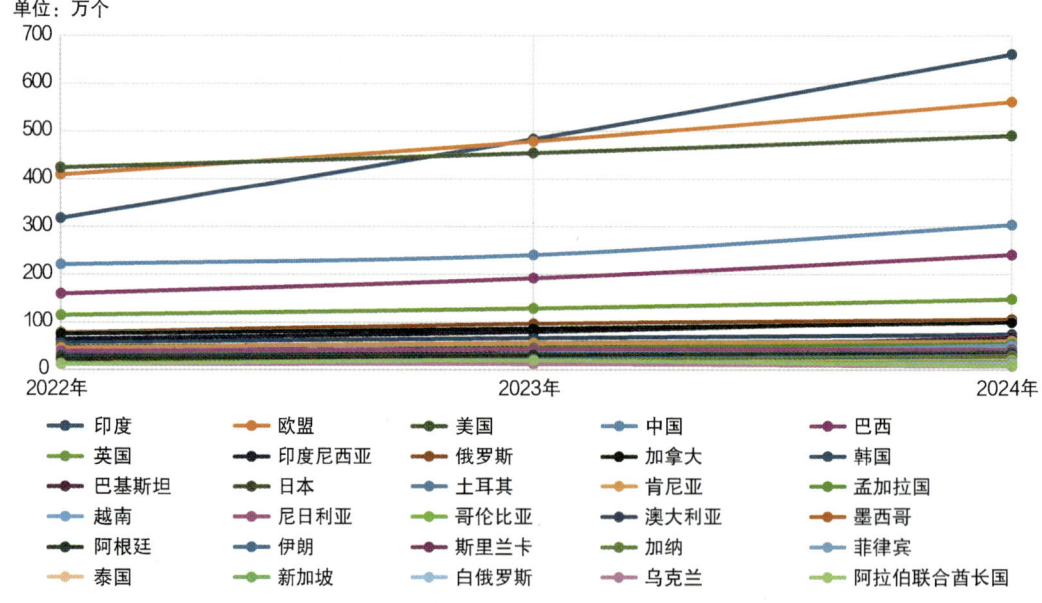

图 2-8 2022—2024 年全球 Top30 国家和地区活跃开源项目发展态势

---

① 活跃开源项目是指在统计年度内至少有一次代码提交的开源项目。

二、开源项目与开发者发展整体态势

印度的活跃开源项目数量位居全球首位。2024年活跃开源项目数量达到659.80万个，同比增速36.67%，两年平均增速44.28%。印度占全球Top30国家和地区活跃开源项目总量的比例显著提高，从2022年的13.43%增至2023年的16.85%，2024年进一步增至19.03%。这一高速增长主要得益于印度的教育体系、产业环境、政策支持及语言优势四大动因。

欧盟的活跃开源项目数量位居全球第二。2024年达到560.01万个，同比增速17.24%，两年平均增速17.14%。欧盟占全球Top30国家和地区活跃开源项目总量的比例逐年略有下降，从2022年的17.30%降至2023年的16.67%，2024年进一步降至16.15%。

美国的活跃开源项目数量位居全球第三。2024年达到490.27万个，同比增速7.97%，两年平均增速7.54%。尽管美国活跃开源项目的数量有所增长，但其占全球Top30国家和地区活跃开源项目总量的比例呈逐年下降趋势，从2022年的17.96%降至2023年的15.85%，2024年进一步降至14.14%。但美国仍依托深厚的技术积累、活跃的开源社区及科技巨头的持续投入，在高质量开源项目的生态构建方面发挥引领作用。

中国的活跃开源项目数量位居全球第四。2024年达到302.58万个，同比增速26.28%，两年平均增速17.31%。中国占全球Top30国家和地区活跃开源项目总量的比例相对平稳，2022年、2023年、2024年分别为9.32%、8.36%、8.73%。随着越来越多的企业加大开源投入力度，以及国内开发者在人工智能等技术领域持续深耕，中国开源项目的技术创新度、社区活跃度、生态多样性同步提升，正在释放巨大的发展潜力。

此外，巴基斯坦、越南、印度尼西亚等国家活跃开源项目数量的同比增速和两年平均增速均跻身前列。2024年，巴基斯坦活跃开源项目达到67.38万个，同比增速63.47%，两年平均增速64.22%。越南达到49.49万个，同比增速51.00%，两年平均增速42.51%。印度尼西亚达到105.04万个，同比增速33.01%，两年平均增速28.32%。

在全球视角下,印度、欧盟、美国和中国构成全球活跃开源项目规模的主要支柱。同时,巴基斯坦、越南和印度尼西亚等国家和地区的强劲增长,为全球开源版图注入新的动能,推动项目分布格局由"主干支撑"向"多源共进"演进。

2. 2022—2024 年中国城市活跃开源项目发展态势

从 2022—2024 年中国 Top30 城市活跃开源项目发展态势(见图 2-9)来看,呈现出"头部稳固、腰部上升、尾部追赶"的发展格局,中国开源生态的潜力正在被全面激活并加速释放。北京、上海、深圳和杭州在活跃开源项目数量方面位居全国前四名,越来越多的城市开始在活跃开源项目数量增长上展现出强劲的势头。

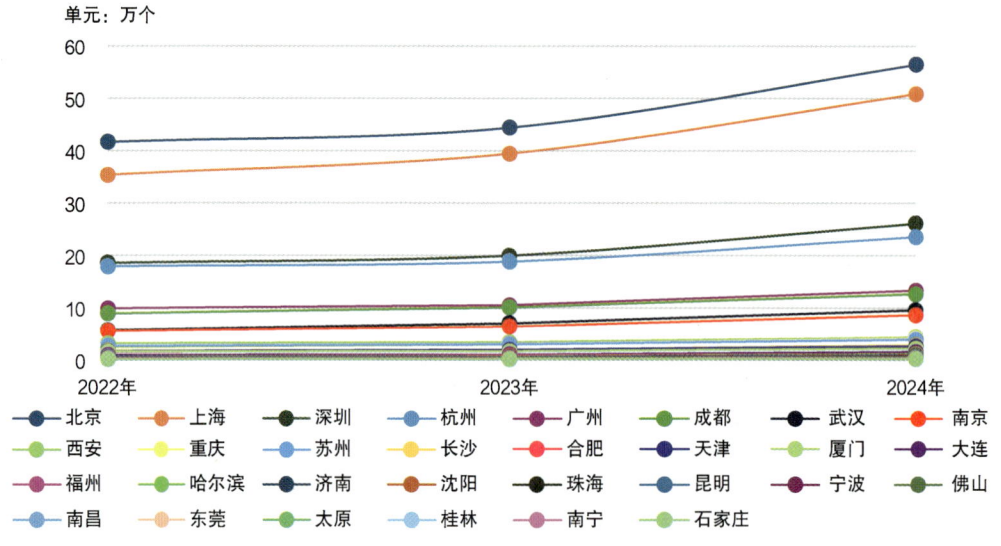

图 2-9 2022—2024 年中国 Top30 城市活跃开源项目发展态势

北京、上海占据开源发展主阵地,形成双中心格局,活跃开源项目数量均超过 50 万个。北京的活跃开源项目数量位居全国首位,2024 年达到 56.50 万个,同比增速 27.00%,两年平均增速 16.35%。上海的活跃开源项目数量位居全国第二,2024 年达到 50.89 万个,同比增速 28.81%,两年平均增速 19.84%。

二、开源项目与开发者发展整体态势

深圳、杭州加速集聚创新资源，跃升势头强劲，活跃开源项目数量均超过 20 万个。深圳的活跃开源项目数量位居全国第三，2024 年达到 26.13 万个，同比增速 30.89%，两年平均增速 18.47%。杭州的活跃开源项目数量位居全国第四，2024 年达到 23.58 万个，同比增速 24.91%，两年平均增速 14.60%。

同时，广州、成都的活跃开源项目数量均超过 10 万个。其中，广州达到 13.40 万个，同比增速 26.69%，两年平均增速 16.11%。成都达到 12.67 万个，同比增速 25.09%，两年平均增速 18.97%。此外，太原、哈尔滨、宁波等城市活跃开源项目数量的同比增速和两年平均增速均跻身前列。2024 年，太原活跃开源项目数量达到 0.37 万个，同比增速 75.77%，两年平均增速 39.97%。哈尔滨活跃开源项目数量达到 1.16 万个，同比增速 69.18%，两年平均增速 34.77%。宁波活跃开源项目数量达到 0.75 万个，同比增速 56.67%，两年平均增速 31.96%。

在全国视角下，北京、上海、深圳和杭州在全国活跃开源项目规模中占据主要地位，其他一些城市凭借较高的增速，显示出了强劲的增长潜力，逐步成为新的增长力量。中国城市的开源活跃度正由少数中心向多点扩散，区域间创新要素流动更加活跃，未来新兴力量有望发挥更大的作用。

3. 2022—2024 年全球新增活跃开源项目发展态势

从 2022—2024 年全球 Top30 国家和地区新增活跃开源项目[①]发展态势（见图 2-10）来看，全球新增活跃开源项目呈现出"多点扩张、多元分布"的发展趋势。印度、中国、巴西三个国家合计新增活跃开源项目数量占全球 Top30 国家和地区活跃开源项目数量的近四成，为全球技术创新和开放合作注入了新的活力。

---

① 新增活跃开源项目是指在统计年度内至少有一次代码提交，且在过去年度从未出现过活跃记录的开源项目。

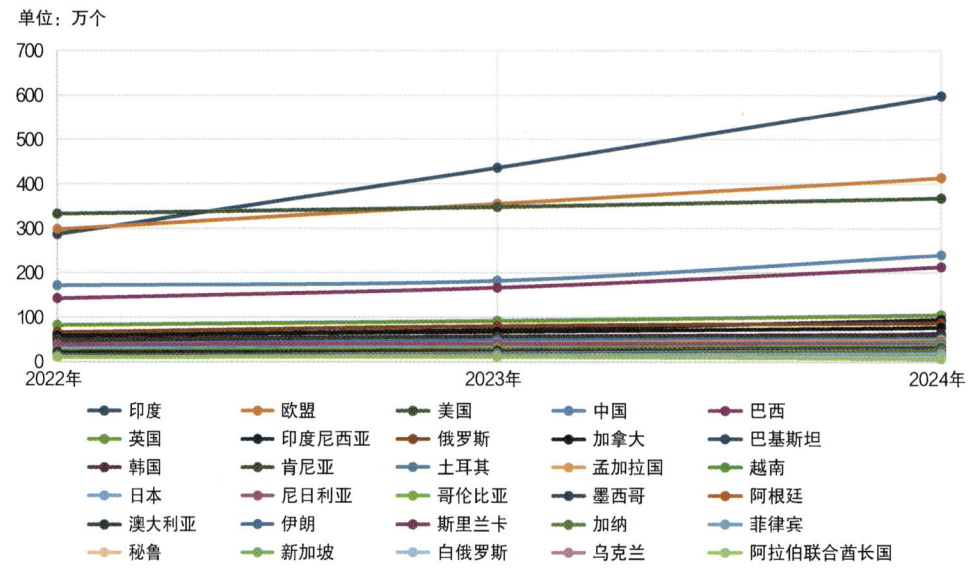

图 2-10　2022—2024 年全球 Top30 国家和地区新增活跃开源项目发展态势

然而，从新增活跃开源项目占其整体活跃开源项目数量的比例来看，各国在开源项目生命周期稳定性方面存在差异。其中，印度的新增活跃开源项目占其整体活跃开源项目数量的比例最高，2022 年、2023 年、2024 年印度新增活跃开源项目占其整体活跃开源项目数量的比例分别为 90.23%、90.19%、90.50%，连续三年仅有不足 10% 的开源项目能持续活跃超过一年，反映其开源项目发展处于快速膨胀阶段，开发热情旺盛、项目孵化活跃，但同时也存在一定程度的"高启动、低沉淀"现象。与此同时，2022 年、2023 年、2024 年欧盟新增活跃开源项目占其整体活跃开源项目数量的比例分别为 72.89%、74.33%、73.76%。2022 年、2023 年、2024 年美国新增活跃开源项目占其整体活跃开源项目数量的比例分别为 78.43%、76.62%、74.98%。2022 年、2023 年、2024 年中国新增活跃开源项目占其整体活跃开源项目数量的比例分别为 77.20%、75.35%、78.93%。

印度高速扩张、留存不足。2024 年新增活跃开源项目达到 597.15 万个，同比增速 37.13%，两年平均增速 44.50%。印度新增开源项目占

二、开源项目与开发者发展整体态势

全球 Top30 国家和地区总量的比例显著提高，从 2022 年的 14.71%增至 2023 年的 18.52%，2024 年进一步增至 20.93%。

欧盟增量稳健、结构均衡。2024 年新增活跃开源项目达到 413.08 万个，同比增速 16.34%，两年平均增速 17.84%。尽管欧盟新增开源项目数量平稳增长，但其占全球 Top30 国家和地区总量的比例逐年略有下降，从 2022 年的 15.30%降至 2023 年的 15.10%，2024 年进一步降至 14.48%。

美国增速放缓、质量显著。2024 年新增活跃开源项目达到 367.59 万个，同比增速 5.66%，两年平均增速 5.15%。尽管美国的新增开源项目数量有所增长，但其占全球 Top30 国家和地区总量的比例明显降低，从 2022 年的 17.10%降至 2023 年的 14.79%，2024 年进一步降至 12.88%。

中国规模扩大、势头强劲。2024 年新增活跃开源项目达到 238.82 万个，同比增速 32.27%，两年平均增速 18.61%。中国新增开源项目数量占全球 Top30 国家和地区总量的比例相对稳定，2022 年、2023 年、2024 年分别为 8.73%、7.68%、8.37%。

此外，斯里兰卡、巴基斯坦、越南等国家新增活跃开源项目数量的同比增速和两年平均增速均跻身前列。2024 年，斯里兰卡新增活跃开源项目达到 25.04 万个，同比增速 67.95%，两年平均增速 60.80%。巴基斯坦新增活跃开源项目达到 63.34 万个，同比增速 64.11%，两年平均增速 64.42%。越南新增活跃开源项目达到 43.71 万个，同比增速 52.89%，两年平均增速 42.55%。

在全球视角下，各国在开源项目孵化节奏、生命周期管理与生态治理能力方面存在差异，印度新增活跃开源项目数量扩张，美国、欧盟、中国维持较高留存优势。未来，各国需在"增量扩张"与"质量留存"之间找到平衡，才能在日益多元化的全球开源网络中巩固竞争优势。

4. 2022—2024 年中国城市新增活跃开源项目发展态势

从 2022—2024 年中国 Top30 城市新增活跃开源项目发展态势（见

图 2-11）来看，北京、上海、深圳和杭州在新增活跃开源项目数量方面位居前列，项目留存优势明显，连续三年均有超过 20% 的开源项目活跃一年以上。

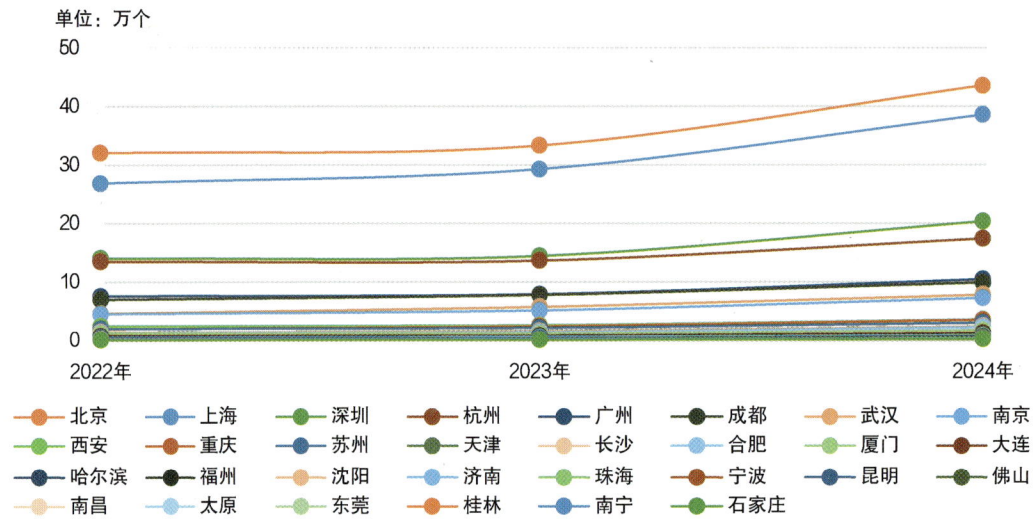

图 2-11　2022—2024 年中国 Top30 城市新增活跃开源项目发展态势

北京、上海稳居双核。北京新增活跃开源项目数量位居全国首位，2024 年达到 43.57 万个，同比增速 30.58%，两年平均增速 16.48%。2022 年、2023 年、2024 年北京新增活跃开源项目占其整体活跃开源项目数量的比例分别为 76.94%、75.01%、77.12%。上海新增开源项目数量位居全国第二，2024 年达到 38.55 万个，同比增速 31.63%，两年平均增速 19.75%。2022 年、2023 年、2024 年上海新增活跃开源项目占其整体活跃开源项目数量的比例分别为 75.87%、74.13%、75.76%。

深圳、杭州加速跃升。深圳新增活跃开源项目数量位居全国第三，2024 年达到 20.36 万个，同比增速 40.75%，两年平均增速 20.23%。2022 年、2023 年、2024 年深圳新增活跃开源项目占其整体活跃开源项目数量的比例分别为 75.63%、72.45%、77.90%。杭州新增开源项目数量位居全国第四，2024 年达到 17.40 万个，同比增速 27.09%，两年平均增速 13.31%。2022 年、2023 年、2024 年杭州新增活跃开源项目占其整体活

二、开源项目与开发者发展整体态势

跃开源项目数量的比例分别为 75.47%、72.52%、73.79%。

（四）技术领域代码贡献量发展态势

本节基于 2022—2024 年 GitHub 平台 10%的全量项目抽样数据，覆盖约 500 万个活跃开源项目，重点分析全球代码贡献量排名前十七位的技术领域发展态势。所选样本具有较强的代表性，能够比较全面地反映各个国家和地区在主要技术领域的活跃程度与发展趋势。

1. 全球各技术领域代码贡献量发展态势

从 2022—2024 年全球各技术领域代码贡献量发展态势（见图 2-12）来看，前端与开发框架领域的代码贡献量始终保持高度活跃，稳居全球技术领域代码贡献规模的第一层级（400 万次以上）。具体来看，2024 年前端领域代码贡献量达到 958.68 万次，开发框架领域达到 521.74 万次。与此同时，人工智能领域的代码贡献量在过去两年显著增长，2024 年达到 332.88 万次，同比增速 24.97%，两年平均增速 27.17%。目前，人工智能已与区块链、数据库、操作系统及云原生领域一同处于全球技术领域贡献的第二层级（200 万～400 万次）。

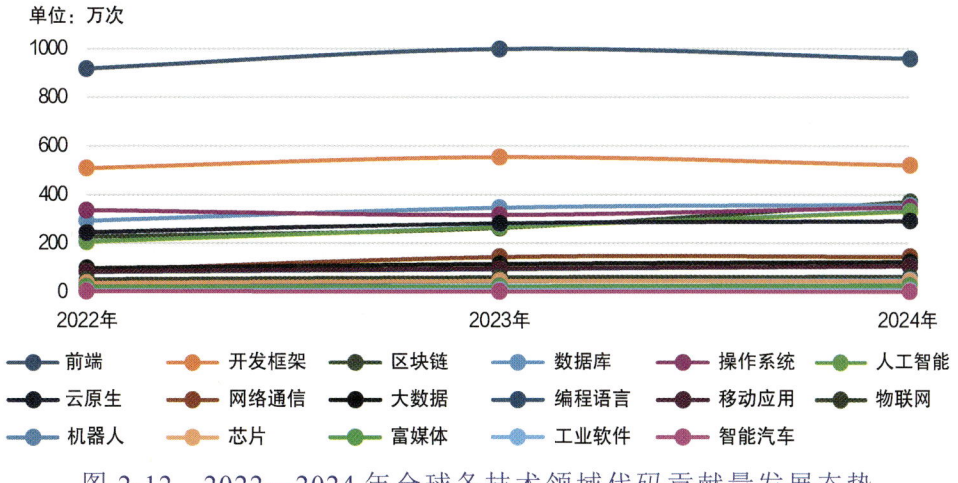

图 2-12　2022—2024 年全球各技术领域代码贡献量发展态势

2. 美国各技术领域代码贡献量发展态势

从 2022—2024 年美国各技术领域代码贡献量发展态势（见图 2-13）来看，美国整体发展态势与全球发展格局不尽相同，前端领域始终位居贡献量首位。值得特别关注的是，美国区块链领域的代码贡献量在 2024 年增长显著，已跃升为美国代码贡献量的第二大技术领域。此外，人工智能领域的代码贡献量在过去两年增长明显，与全球发展趋势相符。

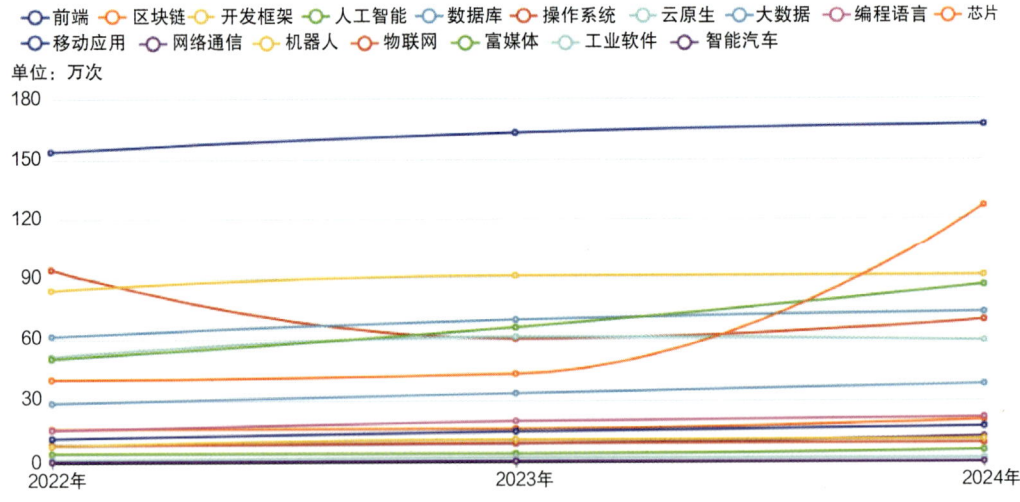

图 2-13　2022—2024 年美国各技术领域代码贡献量发展态势

3. 欧盟各技术领域代码贡献量发展态势

从 2022—2024 年欧盟各技术领域代码贡献量发展态势（见图 2-14）来看，前端领域的表现尤为突出，不仅贡献量位居首位，而且增长势头强劲。这一趋势可能与欧盟持续推进数字化进程相关，各类应用对前端技术的需求日益旺盛，吸引了大量开发者的积极参与。此外，操作系统和人工智能领域的代码贡献量也呈现出持续增长态势。

二、开源项目与开发者发展整体态势

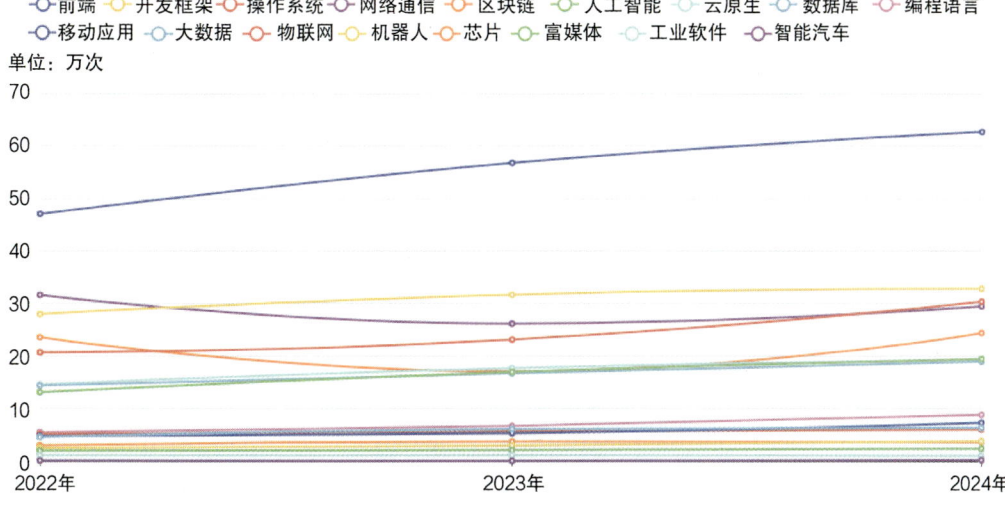

图 2-14 2022—2024 年欧盟各技术领域代码贡献量发展态势

4. 中国各技术领域代码贡献量发展态势

从 2022—2024 年中国各技术领域代码贡献量发展态势（见图 2-15）来看，人工智能领域的代码贡献量显著攀升，成为贡献规模最大的技术领域。2024 年人工智能领域代码贡献量达到 31.99 万次，同比增速 29.94%，两年平均增速 39.19%。相比之下，前端领域代码贡献量呈现出持续下滑趋势，2024 贡献量达到 26.72 万次，位居代码贡献量的第二位。操作系统领域代码贡献量在 2023 年之后迎来回升，2024 年超越开发框架领域，重返代码贡献量第三位，达到 16.68 万次，同比增速 38.26%。相比于全球、美国和欧盟各技术领域代码贡献量的发展态势，中国芯片领域代码贡献量的发展趋势尤其值得关注，2024 年贡献量达到 15.05 万次，远超 2022 年的 3.51 万次，两年平均增速 107.12%。预计到 2026 年，芯片领域的代码贡献量将进一步增长，进入中国各技术领域代码贡献量的第二层级。

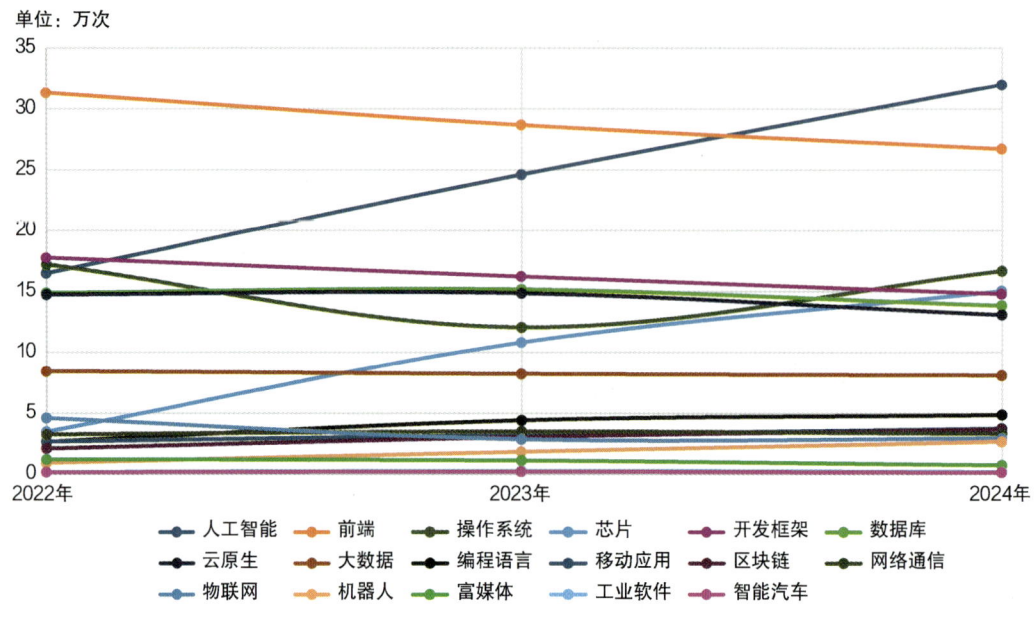

图 2-15　2022—2024 年中国各技术领域代码贡献量发展态势

此外，编程语言、移动应用、区块链及机器人等技术领域亦表现出积极的增长趋势，尤其机器人领域两年平均增速高达 67.79%，展现出强劲的创新动能与良好的市场前景。相较而言，开发框架、数据库、云原生及大数据领域贡献量略有下降，显示出技术需求和创新热点逐渐转移。

5. 中国主要城市技术领域代码贡献量发展态势

从 2022—2024 年中国主要城市技术领域代码贡献量发展态势（见图 2-16～图 2-18）来看，各城市在不同技术领域的表现呈现出明显的差异化特征。其中，北京、上海、杭州在人工智能领域的贡献量均呈现稳定的增长态势。具体而言，北京在人工智能和数据库领域的代码贡献量始终保持领先地位，人工智能领域的代码贡献量呈现出显著增长态势。上海在人工智能和芯片领域的代码贡献量则呈现出较为突出的增长态势。杭州在前端领域的代码贡献量始终处于较高水平，在数据库和人工智能等领域增长态势良好。

二、开源项目与开发者发展整体态势

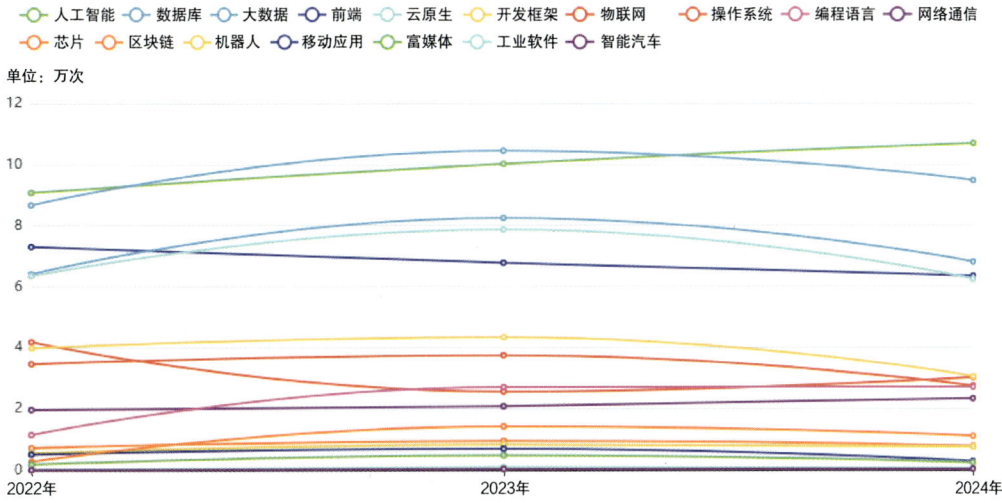

图 2-16　2022—2024 年北京各技术领域代码贡献量发展态势

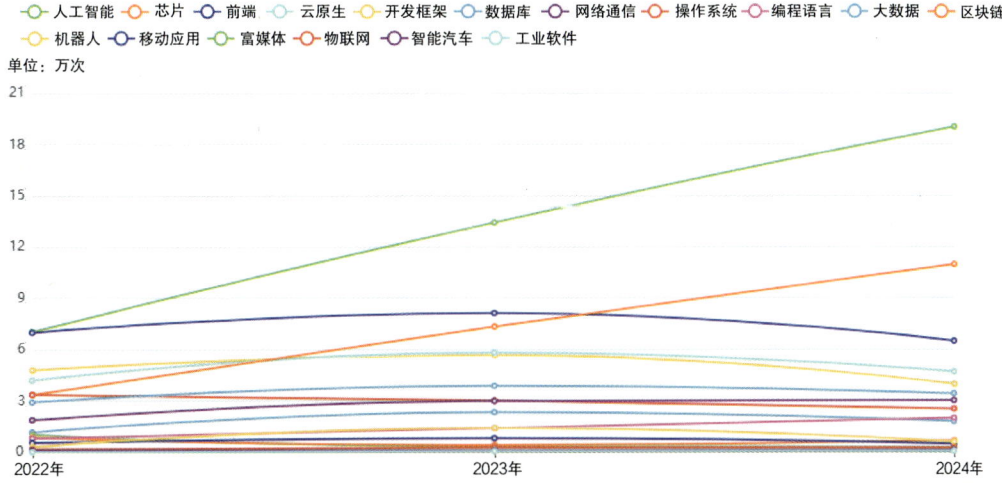

图 2-17　2022—2024 年上海各技术领域代码贡献量发展态势

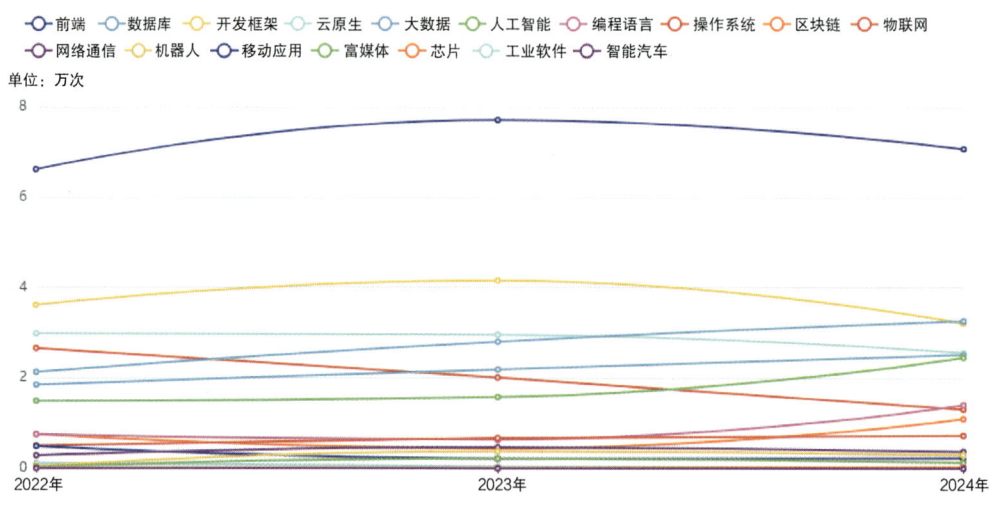

图 2-18　2022—2024 年杭州各技术领域代码贡献量发展态势

（五）活跃及新增活跃开源开发者发展态势

1. 2022—2024 年全球活跃开源开发者发展态势

从 2022—2024 年全球 Top30 国家和地区活跃开源开发者[①]数量发展态势（见图 2-19）来看，全球活跃开源开发者规模稳步增长，中国、印度跃升为全球活跃开源开发者数量增长的重要引擎，成为推动全球人才结构演化的关键变量。相较而言，美国和欧盟的活跃开源开发者供给放缓，长期积累的结构性优势正面临再平衡，全球开源人才格局呈现出"东强西稳、势能转换"的发展趋势，开源开发者生态体系更具活力与张力。

中国活跃开源开发者数量全球领先，2024 年达到 227.29 万人，同比增速 22.95%，两年平均增速 31.58%。同时，中国占全球 Top30 国家和地区活跃开源开发者总量的比例逐年上升，从 2022 年的 15.13%上升至 2023 年的 17.33%，2024 年进一步上升至 18.29%。

---

① 活跃开源开发者指在统计年度内至少向任一开源代码仓库提交过一次代码的开发者账号。

二、开源项目与开发者发展整体态势

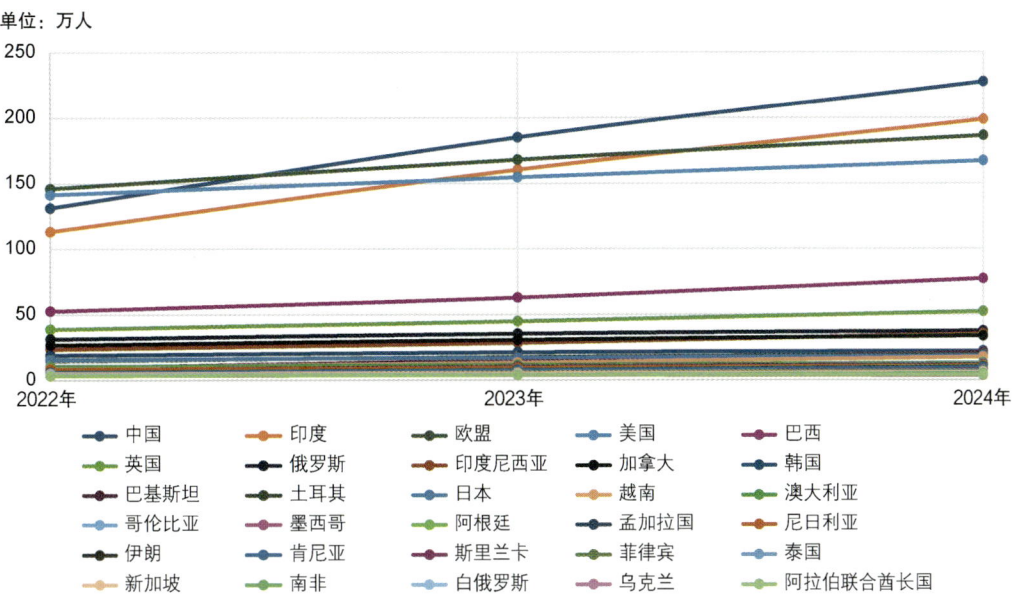

图 2-19 2022—2024 年全球 Top30 国家和地区活跃开源开发者数量发展态势

印度活跃开源开发者数量位居全球第二，2024 年达到 198.50 万人，同比增速 23.88%，两年平均增速 32.28%。同时，印度占全球 Top30 国家和地区活跃开源开发者总量的比例也呈逐年上升态势，从 2022 年的 13.07%上升至 2023 年的 15.02%，2024 年进一步上升至 15.98%。

欧盟活跃开源开发者数量位居全球第三，2024 年达到 186.35 万人，同比增速 10.91%，两年平均增速 12.91%。但是，欧盟占全球 Top30 国家和地区活跃开源开发者总量的比例逐年下降，从 2022 年的 16.84%下降至 2023 年的 15.75%，2024 年进一步下降至 15.00%。

美国活跃开源开发者数量位居全球第四，2024 年达到 167.03 万人，同比增速 8.14%，两年平均增速 8.73%。同时，美国占全球 Top30 国家和地区活跃开源开发者总量的比例明显下降，从 2022 年的 16.28%下降至 2023 年的 14.48%，2024 年进一步下降至 13.44%。

此外，巴基斯坦、斯里兰卡、泰国等国家活跃开源开发者数量的同比增速和两年平均增速均跻身前列。2024 年，巴基斯坦活跃开源开发者达到

20.64万人，同比增速36.27%，两年平均增速46.95%。斯里兰卡活跃开源开发者达到7.42万人，同比增速32.99%，两年平均增速43.23%。泰国活跃开源开发者达到6.35万人，同比增速31.83%，两年平均增速27.83%。

从2024年全球活跃开源开发者①数量分布（见图2-20）来看，2024年全球活跃开源开发者总数量达到1509万人，Top30国家和地区活跃开源开发者数量达到1331万人，占总数量的88.20%。中国、印度、欧盟、美国活跃开源开发者数量均超过100万人，分别占全球活跃开源开发者总量的14.63%、13.15%、12.34%、11.07%。

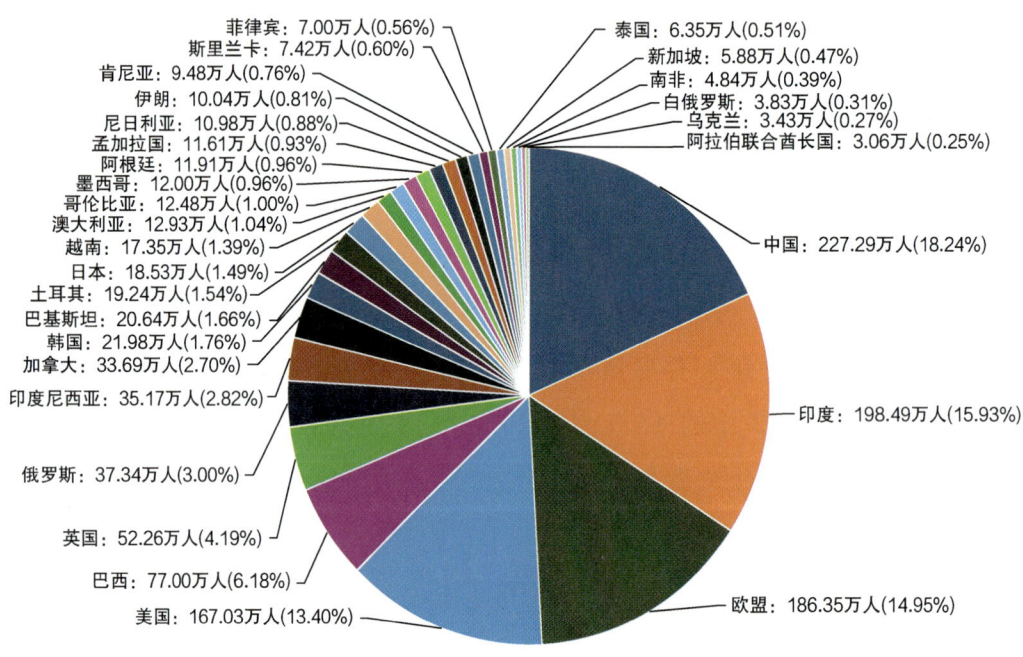

图2-20 2024年全球活跃开源开发者数量分布

在全球视角下，活跃开源开发者数量呈现出强劲的增长势头，尤其是中国、印度及一些新兴国家的快速增长，显示出全球开源生态系统的持续繁荣和多样化的发展趋势。

---

① 活跃开源开发者是指在当前年度有代码提交的开发者。

二、开源项目与开发者发展整体态势

2. 2022—2024年中国活跃开源开发者发展态势

从 2022—2024 年中国 Top30 城市活跃开源开发者数量发展态势（见图 2-21）来看，全国活跃开源开发者持续向头部城市集中，北京、上海依旧扮演"核心引擎"，深圳、杭州加速追赶，东北与中部部分城市则以高增速"破圈"而入，呈现"头部城市稳量提质，腰部城市提速扩容，潜力城市破圈突进"的发展态势。

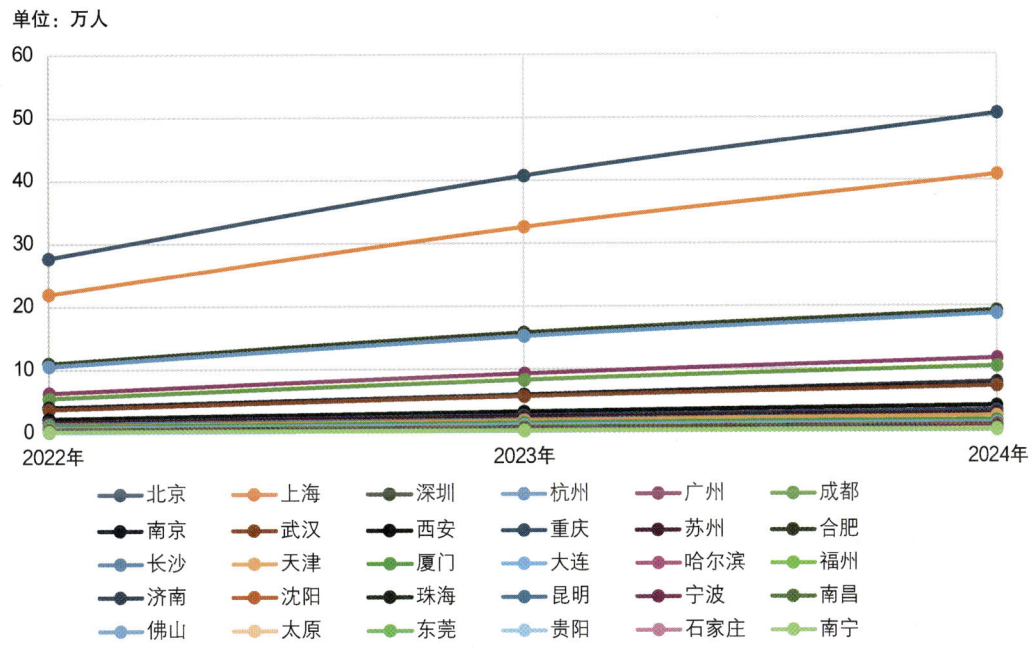

图 2-21　2022—2024 年中国 Top30 城市活跃开源开发者数量发展态势

北京、上海持续引领。北京活跃开源开发者数量位居全国首位，2024 年达到 50.64 万人，同比增速 24.28%，两年平均增速 35.03%。上海活跃开源开发者数量位居全国第二，2024 年达到 40.86 万人，同比增速 25.30%，两年平均增速 36.26%。

深圳、杭州提速追赶。深圳活跃开源开发者数量位居全国第三，2024 年达到 19.26 万人，同比增速 21.83%，两年平均增速 32.10%。杭州活跃开源开发者数量位居全国第四，2024 年达到 18.77 万人，同比增速

22.90%，两年平均增速 33.06%。

此外，太原、哈尔滨、贵阳等城市活跃开源开发者数量的同比增速和两年平均增速均跻身前列。2024 年，太原活跃开源开发者达到 0.35 万人，同比增速 52.02%，两年平均增速 46.33%。哈尔滨活跃开源开发者达到 1.11 万人，同比增速 42.35%，两年平均增速 53.19%。贵阳活跃开源开发者达到 0.29 万人，同比增速 40.33%，两年平均增速 51.23%。

3. 2022—2024 年全球新增活跃开源开发者发展态势

从 2022—2024 年全球 Top30 国家和地区新增活跃开源开发者[①]发展态势（见图 2-22）来看，总体保持增长态势。其中，印度以 69.26 万人位居首位，美国和欧盟新增活跃开源开发者的数量分列第二、第三位，分别为 40.04 万人和 38.85 万人，巴西位列第四，为 27.39 万人，中国位列第五，为 26.99 万人。

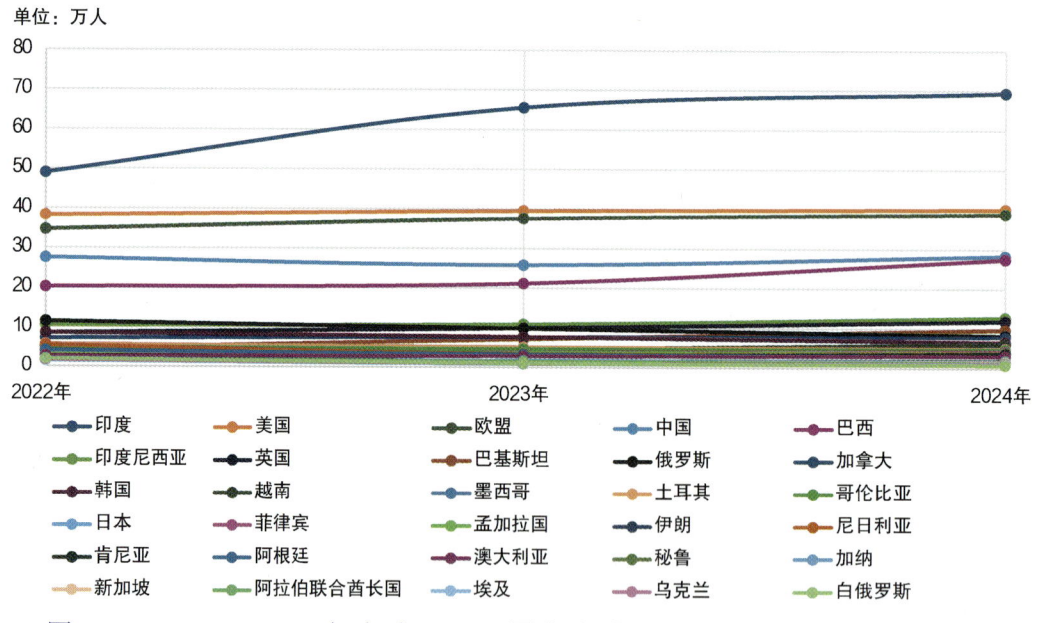

图 2-22　2022—2024 年全球 Top30 国家和地区新增开源开发者发展态势

---

① 新增活跃开源开发者指在统计年度内至少向任一开源代码仓库提交过一次代码，且在过去年度从未检索到任何提交记录的开发者账号。

二、开源项目与开发者发展整体态势

2022 年、2023 年、2024 年印度新增活跃开源开发者数量占其整体活跃开发者数量的比例分别为 43.11%、40.79%、34.87%，显示其开源生态呈高速扩张态势，开发者群体不断壮大。但新增比例较高也反映出其潜在的开发者沉淀率不足、长期贡献度有待提升等问题。2022 年、2023 年、2024 年美国新增活跃开源开发者数量占其整体活跃开源开发者数量的比例分别为 27.00%、25.53%、23.97%。2022 年、2023 年、2024 年欧盟新增活跃开源开发者数量占其整体活跃开源开发者数量的比例分别为 23.68%、22.33%、20.85%。美国和欧盟呈现出较为平衡的增长结构，既保持了一定的新增开发者流入速度，也体现出较稳定的生态吸附力与技术更新机制。2022 年、2023 年、2024 年中国新增活跃开源开发者数量占其整体活跃开源开发者数量的比例分别为 19.58%、13.15%、11.88%，增速温和，但留存率相对较高。

此外，巴基斯坦、伊朗、越南等国家新增活跃开源开发者数量的同比增速和两年平均增速均跻身前列。2024 年，巴基斯坦新增活跃开源开发者数量达到 9.75 万人，同比增速 36.77%，两年平均增速 48.29%。伊朗新增活跃开源开发者数量达到 3.98 万人，同比增速 35.43%，两年平均增速 50.71%。越南新增活跃开源开发者数量达到 6.18 万人，同比增速 31.24%，两年平均增速 27.18%。

4. 2022—2024 年中国城市新增活跃开源开发者发展态势

从 2022—2024 年中国 Top30 城市新增活跃开源开发者发展态势（见图 2-23）来看，北京、上海、深圳和杭州在新增活跃开源开发者数量方面位居前列，构成全国开源人才供给高地，其发展格局与全国活跃开源开发者发展格局保持一致。从新增活跃开源开发者占活跃开源开发者总量的比例来看，核心城市的新增活跃开源开发者的增速接近 10%，显示出其在吸引开源开发者方面具备显著优势，人才集聚效应持续强化。

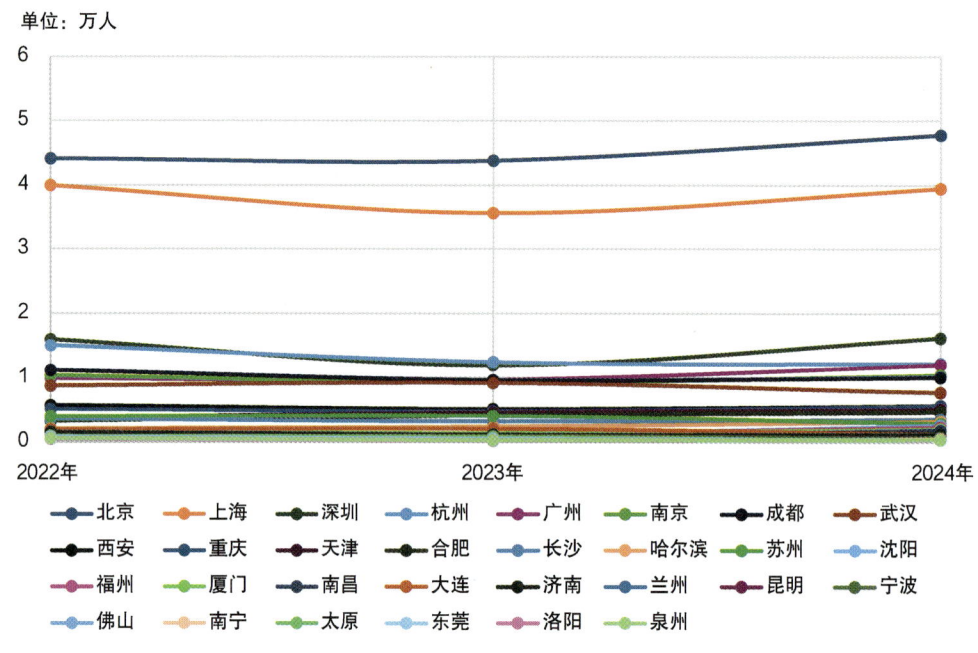

图 2-23 2022—2024 年中国 Top30 城市新增开源开发者发展态势

北京、上海继续领航。北京新增开源开发者数量位居全国首位，2024年达到 4.77 万人，同比增速 9.03%，两年平均增速 4.04%，新增活跃开源开发者数量占其整体活跃开源开发者数量的 9.4%。上海新增开源开发者数量位居全国第二，2024 年达到 3.94 万人，同比增速 10.64%，两年平均降低 0.63%，新增活跃开源开发者数量占其整体活跃开源开发者数量的 9.6%。

深圳、杭州势头明显。深圳新增开源开发者数量位居全国第三，2024年达到 1.61 万人，同比增速 34.79%，两年平均增速 0.62%，新增活跃开源开发者数量占其整体活跃开源开发者数量的 8.4%。杭州新增开源开发者数量位居全国第四，2024 年达到 1.22 万人，同比降低 2.24%，两年平均降低 10.05%，新增活跃开源开发者数量占其整体活跃开源开发者数量的 6.5%。

（六）技术领域活跃开源开发者发展态势

从 2022—2024 年全球各技术领域活跃开源开发者发展态势（见图 2-24）来看，前端与开发框架领域的活跃开源开发者数量长期保持稳定增长态势，尽管在 2024 年略有回落，但依然稳居全球各技术领域活跃开源开发者数量前列。其中，前端领域在 2024 年活跃开源开发者数量达到 16.75 万人，开发框架领域达到 10.09 万人。与此同时，人工智能领域的活跃开源开发者数量在近两年有所增加，达到 6.13 万人，与数据库、操作系统、云原生领域同处于全球技术领域活跃开源开发者数量的第二层级。

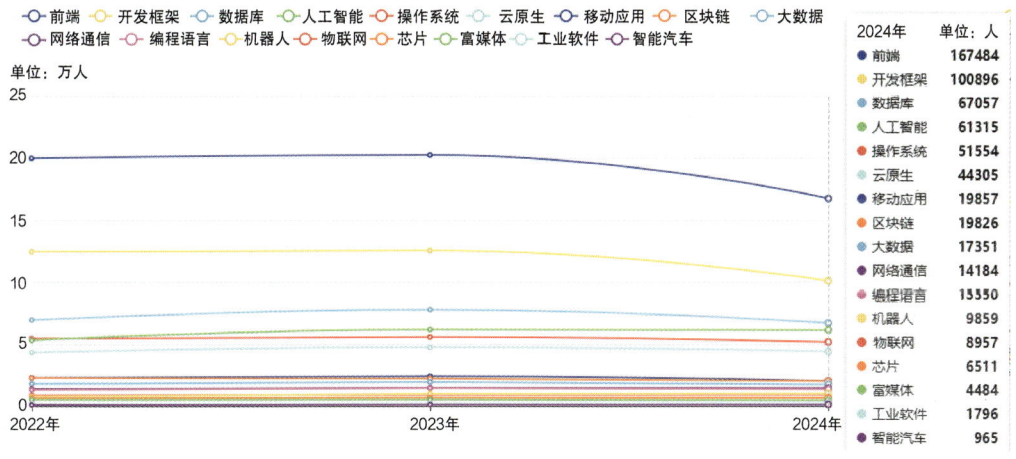

图 2-24　2022—2024 年全球各技术领域活跃开源开发者发展态势

从 2022—2024 年美国各技术领域活跃开源开发者发展态势（见图 2-25）来看，美国各技术领域活跃开源开发者的分布格局与全球基本保持一致。特别值得关注的是，人工智能领域的活跃开源开发者数量增长势头强劲，2024 年已实现对开发框架领域的赶超，成为仅次于前端领域的重点技术赛道。

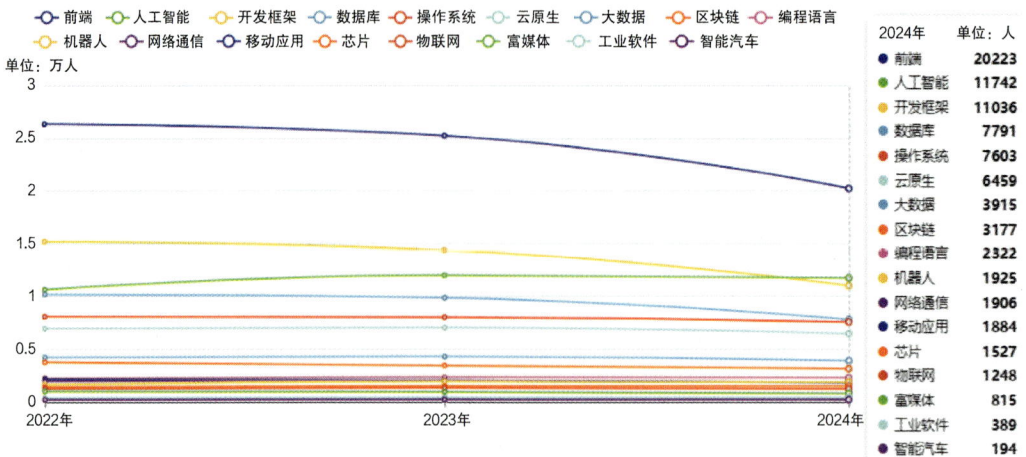

图 2-25　2022—2024 年美国各技术领域活跃开源开发者发展态势

从 2022—2024 年中国各技术领域活跃开源开发者发展态势（见图 2-26）来看，中国各技术领域活跃开源开发者的分布格局与全球大体保持一致。尤为突出的是，人工智能领域的活跃开源开发者数量持续快速增长，2024 年较大幅度超过开发框架领域的活跃开源开发者数量。

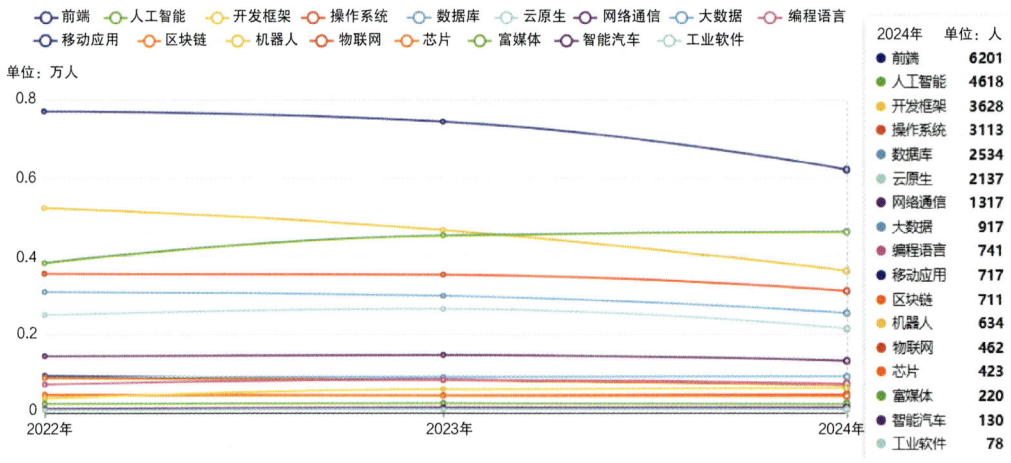

图 2-26　2022—2024 年中国各技术领域活跃开源开发者发展态势

三、开源许可证的应用与发展

开源不仅仅是将软件源代码公开,更关键的是基于书面许可证对源代码相关的知识产权进行开放授权。在这种模式下,许可人(如原始开发者或贡献者)通过开源许可证界定源代码的使用、修改和分发的许可范围和许可条件,明确了自己与被许可人(如用户或二次开发者)之间的权利和义务。开源许可证涵盖的许可范围主要包括对原作品的著作权(版权)和专利权(必要权利要求)的授权。许可条件通常包括保留原作品中的权属声明(署名)、许可证及免责声明,注明修改部分(如有)等。有些许可证的许可条件中还包括"开源互惠性要求[①]",即:任何衍生作品必须使用与原作品相同的开源许可证进行开源[②]。基于开源互惠性要求,通常可将开源许可证分为三种类型:宽松型许可证(Permissive

---

[①] "互惠性"一词来源于"Reciprocity"或"Reciprocal",在开源许可证语境下是指许可人在许可条件中要求被许可人基于原作品创作的衍生作品(在指定情形下)必须使用与原作品相同的许可证开放源代码,从而实现原作品下游的衍生作品持续开源的效果。

[②] 这种对开源软件的下游衍生开发提出互惠性要求的理念被称为"著佐权"("Copyleft"),这与被译为"著作权"的"Copyright"形成双关呼应;不过社区中也有将"Copyleft License"意译为"限制型许可证""严格型许可证"的情况。

license）、强著佐权型许可证①（Strong copyleft license）和弱著佐权型许可证（Weak copyleft license），如图3-1所示。

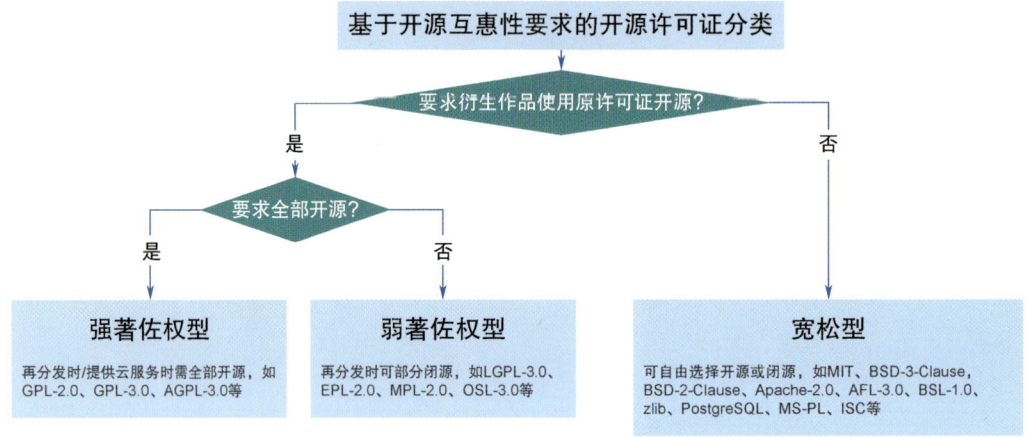

图3-1　基于开源互惠性要求的开源许可证分类②

宽松型许可证不包含开源互惠性要求，二次开发者在进行衍生作品开发时，是否开源完全由开发者自主决定，通常被认为对商业化更友好③。相比之下，强著佐权型许可证和弱著佐权型许可证则包含不同程度的开源互惠性要求，明确规定二次开发者在对衍生作品进行再分发或提供云服务时，必须全部或部分遵循相同的开源许可证。这种互惠性要求为开源项目的开放迭代和社区的持续回馈提供了法律保障，也使"双许可"（Dual license）模式等开源商业化策略成为可能。

---

① 在社区语境中也有这种用法：以"著佐权型"单独指向 GPLv2 或 GPLv3 等再分发时须遵守互惠性要求的许可证、以"强著佐权型"单独指向 AGPLv3、Mulan PubL 等提供云服务时也须遵守互惠性要求的许可证。考虑到再分发和提供云服务情形在互惠性要求下的基本义务一致，只是义务触发条件不同，故在本节统一使用"强著佐权型"概括指向此两种情形。

② 本图是为说明许可证的核心差异而进行的简化概括，开源互惠性要求的具体内容均以各许可证原文表述为准。

③ 宽松型许可证仍要求履行保留原权利声明、保留原许可证等基本义务。

三、开源许可证的应用与发展

（一）开源许可证的应用逻辑

知识产权许可属于"法无禁止即可为"的私权范畴，因此理论上任何权利人都可以根据自身需求自由设计各种权利与义务的组合，从而定制无数种许可证①。尽管定制化许可证能够充分满足权利人的个性化需求，但将给基于大规模共创协作的开源软件开发带来巨大的认知成本和合规负担，进而消解开源自身所具有的降低技术传播成本和交易成本的核心优势，这显然不是开源生态的最佳发展路径与策略。

正因如此，开源生态实践中往往更倾向于选择被广泛使用的标准化许可证，以降低认知成本和合规负担。能够被广泛接受和高度信任并发展成为标准的许可证，往往由非营利主体制定和/或长期维护，其核心特征是中立性强、开放透明并充分尊重社区共识。

（二）开源许可证的应用情况

本报告对 2022—2024 年全球活跃开源项目②许可证发展趋势（见图 3-2）进行重点分析，结果发现，开源项目对 MIT 和 Apache 等商业友好的宽松型许可证表现出持续偏好。根据 OSS Compass 的统计数据，近年来，宽松型许可证 MIT 在开源项目中的应用占比稳步增长，2024 年已占整体应用量的 55%左右。紧随其后的 Apache-2.0 许可证同为宽松型许可证，占整体应用量的比例接近 19%。与此同时，强著佐权型的 GPL 3.0 许可证也呈现平稳增长趋势，2024 年占整体应用量的比例约为 13%，

---

① 现实中当前软件领域可识别的许可证数以千计，经开放源代码促进会（Open Source Initiative，OSI）认证为符合"开源定义（Open Source Definition，OSD）"的许可证已有一百多个。

② 年度活跃项目是指项目在当前年度有代码提交的项目。

稳居前三。整体来看，尽管宽松型许可证在市场中占据主导地位，但强著佐权型许可证仍然具有良好的发展韧性和持久的影响力。

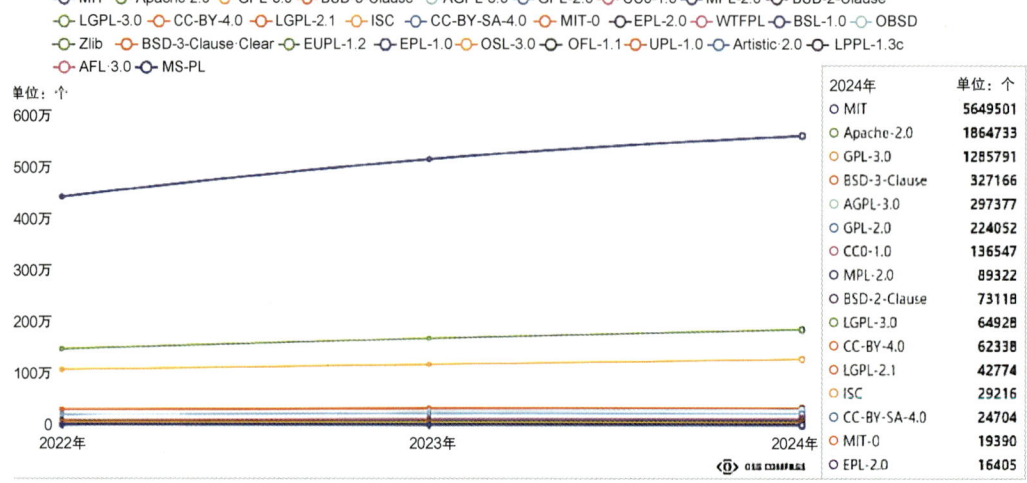

图 3-2　2022—2024 年全球活跃开源项目许可证发展趋势[①]

经过对比各类统计口径下的高频许可证清单，我们注意到不同统计口径下所识别的广泛应用于软件领域的标准化开源许可证高度重合，主要包括表 3-1 所示的 11 个。针对当前主流开源许可证基本为英文法律文本的现状，开放原子开源基金会发起"源译识"公益翻译项目，对主流开源许可证进行中文翻译和审定，并面向社区提供专业可信、公开可用的许可证译文[②]，帮助开发者准确理解和遵循主流开源许可证，从而放心拥抱开源、合法构建商业模式，并促进产业链上下游法律风险可控、供应链整体韧性提升。

---

① OSS Compass 的数据来源于其对 GitHub 平台上活跃项目的 1044 余万份仓库 LICENSE 文档的扫描结果。统计许可证时如遇许可证变体，则基于索伦森-戴斯系数进行匹配分析，相似度 95% 以上者按最接近的标准许可证统计。

② 当前"源译识"已发布的许可证译文请访问开放原子开源基金会代码托管平台官网。

三、开源许可证的应用与发展

表 3-1 高频许可证清单

类　　型	许可证名称	管　理　方
宽松型	MIT	—
宽松型	BSD-3 条款	—
宽松型	BSD-2 条款	—
宽松型	Apache-2.0	Apache 软件基金会
弱著佐权型	LGPL-2.1	自由软件基金会
弱著佐权型	LGPL-3.0	自由软件基金会
弱著佐权型	EPL-2.0	Eclipse 基金会
弱著佐权型	MPL-2.0	Mozilla 基金会
强著佐权型	GPL-2.0	自由软件基金会
强著佐权型	GPL-3.0	自由软件基金会
强著佐权型	AGPL-3.0	自由软件基金会

不同领域的开源许可证根据许可对象不同，许可范围和许可条件也会有所不同。在涉及实物设计与制造的硬件领域，如电子开发板、具身智能等，通常需要更加细致和完善的专利许可，常见的许可证有 TAPR 开放硬件许可证、CERN 开放硬件系列许可证和 Solderpad 硬件许可证第 2.1 版。在传统的版权内容领域，如文字、图片、影音作品等领域，常用的许可证包括知识共享系列许可证（Creative Commons）和 GNU 自由文档许可证（GNU Free Document License）。

在以大语言模型为代表的人工智能领域，要实现与软件开源等效的模型开源，需要将开放的权利许可对象从传统的源代码扩展到算法、数据和参数权重等新的要素。然而，现有的开源许可证并未对这些新要素的许可范围和条件做出明确规定，在实际应用中往往会因各方的不同解读而引发争议，存在较高的不确定性风险。因此，许多大模型企业或机构在发布其自研模型时，选择自行定制适用于模型的"开放"许可证，按照最符合自身利益的方案给出对下游开发者使用、修改其模型的个性化要求。同时，有不少大模型企业或机构选择使用标准化许可证，如在 Hugging Face 平台上发布的大模型和数据集中，使用最多的标准化许可证包括 MIT、Apache-2.0 和 Creative Commons 4.0 系列等已在软件或内容领域广为流行的许可证。这一现象反映出对于人工智能领域的许可证共识尚处于不断发展变化之中。由于能够适应新领域的许可证的普及难度和认知成本极高，在新许可证成为该领域的共识之前，开发者更倾向于选择那些尽管尚未完全满足新领域需求，但已被广泛认可的许可证作为过渡方案。比如，深度求索（DeepSeek）在广受全球关注的背景下，尽管有自定义的 DeepSeek 许可证，仍因"实践表明非标准的开源 License 可能反而增加了开发者的理解成本"，而从使用定制的许可证转向使用更为广泛的 MIT 许可证发布其 R1 模型。

（三）中国开源许可证的发展及现状

随着中国开源生态的快速发展，制定符合我国开发者需求、契合开源理念和标准的开源许可证，已成为一项值得持续关注和深入探索的重要任务。目前，已出现符合国际社区共识、具备中立属性并逐步成为主流的开源许可证。虽然这些许可证在语言表述和理解上存在一定的门槛，但原则上可以满足我国开发者参与全球开源项目的实践需求。然而，随着人工智能、开放硬件等新兴技术的飞速发展，这些技术领域的创新和商业模式正在不断延展，迫切需要制定承载开发者社区共识的新型许可证。

从现有许可证的应用和推广经验来看，要在国际开源社区获得广泛认可，新许可证至少需要在文字表述和实质内容两个方面进行精心设计，并紧密结合实践需求，形成应用优势。例如，BSD、MIT 等许可证因其

三、开源许可证的应用与发展

简单、明确的条款,有效降低了开发者的理解成本,迅速成为被全球广泛接受的标准化许可证;而 Apache-2.0 许可证通过及时针对普遍性问题提供前瞻性解决方案,特别是在计算机软件获得专利保护后,新增了严谨的专利许可条款,这使它在已有宽松型许可证的基础上,获得了开源社区的广泛认可,并逐步发展成为主流许可证之一。

与之相比,国内的开源组织、研究机构、企业等也在积极推进中文许可证或中英文双语许可证的探索,为本土开源生态的建设提供了更多的选择。这些本土化的许可证在多个领域已有初步成果,开放原子许可证和木兰许可证等系列化的开源许可证,已经在国内开源实践中获得了一定的应用和认同。相关许可证简介如下。

名称	开放原子模型许可证(OpenAtom Model License)	语言	中英双语
类型	宽松型	应用领域	人工智能
发布时间	2024 年 9 月		
简介	开放原子模型许可证第 1 版由开放原子开源基金会组织产业及专业多方共同研制。该许可证以参数和权重为主要授权对象进行针对性设计,同时对术语含义不明确、术语使用与模型场景不匹配、在 MaaS 场景中的适用条件、缺乏双语文本等问题进行了细致的调整和改进。典型应用有 Mobius、vivo_BlueLM 等		

名称	开放原子开放硬件许可证(OpenAtom Open Hardware License)	语言	中英双语
类型	宽松型	应用领域	硬件
发布时间	2024 年 12 月		
简介	开放原子开放硬件许可证第 1 版针对开放硬件场景进行制定,对硬件源信息、补充材料的使用、复制、修改、再许可和分发等行为及硬件的制造、委托制造、使用、销售、许诺销售、进口等行为进行规范和约束,许可对象覆盖全面,设置了集成电路布图设计专有权及其他知识产权兜底许可条款,并简化术语定义等。典型应用有天工本体、Rubik Auto Pi 1.0、立创·衡山派 D133EBS 开发板、H3 Hi3861 Wi-Fi 开发板、RMG24 两指平行夹爪等		

名称	木兰宽松许可证（Mulan Permissive Software License）	语言	中英双语
类型	宽松型	应用领域	软件
发布时间	2019年8月（第1版）、2020年1月（第2版）		
简介	木兰宽松许可证简称 Mulan PSL，是由国内开源社区主导及推动制定的开源许可证。该许可证遵从表述简洁原则，容易理解，与现有许可证友好兼容。2020年2月，Mulan PSL v2 成为首个经 OSI 认证符合"开源定义"的中英文双语许可证，是我国开源发展的里程碑之一。Apache 软件基金会也宣布 Apache-2.0 许可证与 Mulan PSL v2 兼容。与 Apache-2.0 相比，Mulan PSL v2 扩大了专利许可范围，明确授予版权和专利权，不授予商标权。典型应用有 openEuler、OpenGauss、方舟编译器、XiOUS 等		

名称	木兰公共许可证（Mulan Public License）	语言	中英双语
类型	强著佐权型	应用领域	软件
发布时间	2020年12月（第1版）、2021年5月（第2版）		
简介	木兰公共许可证简称 Mulan PubL，在木兰宽松许可证的基础上增加了开源互惠性条款，对开源软件的分发条件有限制性要求，对云计算和 SaaS 等新兴技术的分发有条件限制。与其他木兰许可证族的许可证一样，木兰公共许可证以中英文双语编写，具有同等法律效力，方便国内外开发者理解和使用，同时降低了法律解释的复杂度。典型应用有 OceanBase 数据库等		

名称	木兰-白玉兰开放数据许可协议（Mulan-Baiyulan-Data-License）	语言	中文
类型	宽松型、强著佐权型兼有	应用领域	数据
发布时间	2021年7月		
简介	木兰-白玉兰开放数据许可协议简称 MBODL，是一系列协议，包含宽松开放协议（MBODL）、非商业使用协议（MBODL-NC）、相同方式许可（MBODL-SA）、仅计算使用协议（MBODL-CU）。在这四套协议的基础上，可再进行许可限制的叠加交叉，形成新的协议。例如，MBODL-NC-CU 规定非商业使用且仅计算使用；MBODL-SA-CU 规定相同方式授权数据且仅计算使用。该许可协议基于我国国情和法律，针对人工智能场景下的数据使用与非商业约束做了分层翔实的约定，从而最大限度地鼓励和助力关键数据资源的开放流通。典型应用有开源数据集项目"Awesome Public Datasets"等		

三、开源许可证的应用与发展

名称	木兰开放作品许可协议（Mulan Open Works License）	语言	中英双语
类型	宽松型、强著佐权型兼有	应用领域	内容作品
发布时间	2022 年 12 月		
简介	木兰开放作品许可协议简称 MulanOWL，是一系列协议，包含署名（MulanOWL BY）、署名-相同方式共享（MulanOWL BY-SA）、署名-专利许可（MulanOWL BY-PL）、署名-专利许可-相同方式共享（MulanOWL BY-PL-SA）四种。该许可协议是针对开放作品的复制、使用、修改和分发等行为进行规范与约束的协议，整体更加开放，其下四个协议均允许演绎，并提供了两个授予专利许可的协议，更好地支撑开放作品的使用。典型应用有《群智范式白皮书——软件开发范式的变革与实践》等		

名称	纸鸢开放人工智能模型许可证（ZhiYuan Open Artificial Intelligence Model License）	语言	中英双语
类型	宽松型	应用领域	人工智能
发布时间	2023 年 5 月		
简介	纸鸢开放人工智能模型许可证第 1 版的适用范围不仅限于传统软件代码，更扩展至人工智能模型及其衍生品和配套资料，允许用户将授权的人工智能模型集成至自身的产品或服务中，并明确规定用户对基于模型生成内容的责任，特别强调了限制模型应用场景的重要性，要求参与者遵循基本道德准则和国际公认的 AI 治理标准		

名称	启智开源许可证（Open-Intelligence Open Source License）	语言	中英双语
类型	强著佐权型	应用领域	软件
发布时间	2019 年 1 月		
简介	启智开源许可证第 1.1 版属于强著佐权型许可证，即要求衍生作品必须使用相同的许可证，也要求必须包含原许可证中的免责声明，并且含了明确的商业使用目的下的许可条件。该许可证旨在为开源社区提供一个灵活且易于中文语境理解的许可框架，鼓励创新与合作。典型应用有 KrakenPlug 项目（中国算力网的异构 AI 设备统一管理组件）等		

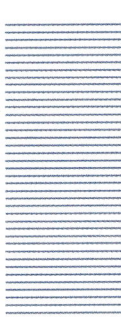

（四）司法判决所支持的开源规则和我国实践案例

在开源项目快速发展的同时，各类开源合规问题和风险也随之出现。对开源项目而言，许可证的选择直接决定了社区贡献与协作的开展方式，并对项目的兼容性和商业化等方面产生深远的影响。

回顾过去二十余年全球开源领域的主要司法案例[①]，涉及的许可证大多集中在 GPL-2.0、GPL-3.0 等存在"开源互惠性要求"的强著佐权型许可证上，而以 MIT 为代表的宽松型许可证因其许可条件简单且易满足，鲜少进入司法程序（见图 3-3）。近十年来，中国的开源司法案件数量显著增长，成为继美国和德国之后的主要开源司法争议地。

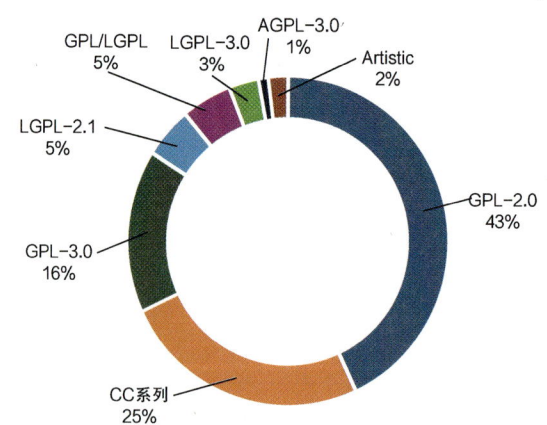

图 3-3　2001—2024 年全球开源司法案件的涉案许可证分布[②]

---

① 本节下统计、展示、推荐阅读的司法案例原文、译文、评述等相关内容来自开放原子开源基金会收录、编辑、维护的开源法律资料库，如需了解更多，欢迎访问开放原子开源基金会官网开源法律栏目及 AtomGit 平台上的官方开源法律社区。

② 本图中"GPL/LGPL"类别是指相关判决或案情介绍中未提到许可证版本号的情况。统计涉案许可证的分布情况是为了分析使用不同类型许可证的影响，排除商标侵权、商标确权、商业秘密泄露等与涉案软件许可证本身无关的争议情形。比如，在 ElasticSearch vs. Amazon 案件中，涉案软件根据 Apache-2.0 开源，但该案争议的是商业软件使用三方开源软件名称命名是否构成商标侵权与虚假宣传，这与其使用的是何种开源许可证无关。

三、开源许可证的应用与发展

总体来看,在全球主要司法辖区中,实际发生的开源知识产权诉讼案件不过百件(见图3-4),远低于商业软件领域的诉讼数量。从主观上讲,知识产权权利人通过开源许可证授权他人使用、修改和传播其代码,通常是希望促进贡献与合作,而非严苛追责违反许可证的行为;从客观上看,共创形成的开源软件所涉及的知识产权权利人数量众多且分散,使用者违反许可往往是由于疏忽或不规范使用,而非故意为之,加之法律诉讼维权成本较高,因此权利人大多选择通过社区监督、通知发函、谈判和解等非诉途径解决问题,真正启动法律维权行动的情况少之又少。

尽管如此,通过对涉及开源的版权、专利、商标、不正当竞争和反垄断等领域的司法案例进行梳理分析,可以发现,随着开源生态中各类参与者和竞争者之间利益冲突和多方博弈的动态演进,各国在开源许可证相关法律争议中逐渐显现出一些共性的法律问题和相似的司法意见。同时,开源模式下的新型竞争规则和秩序也在逐步建立。

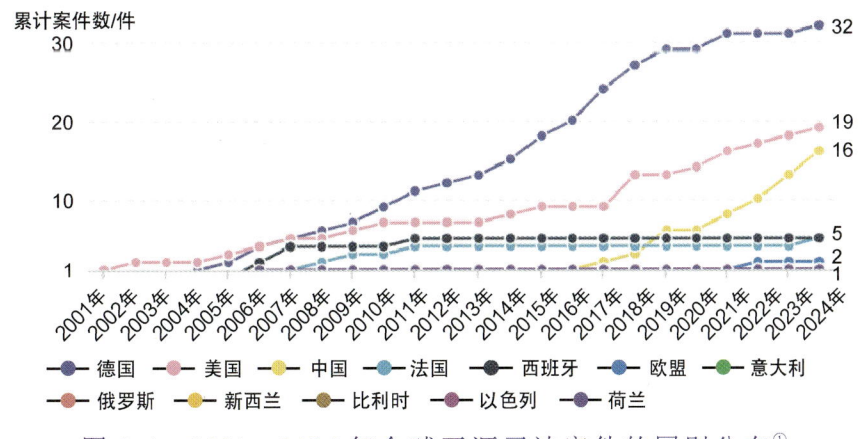

图 3-4　2001—2024 年全球开源司法案件的国别分布[①]

---

① 本图中的年份为裁判/和解时间,其中包含部分不满足开源定义的知识共享系列协议("CC")相关案件。

1. 违反开源许可证，法院管不管？管，开源许可证是合法有效的知识产权许可合同。

（1）作为开源生态秩序的法律基础，开源许可证通常具备知识产权许可合同①的性质，约定的主要权利与义务（如保留署名、注明修改、分发源代码、衍生作品开源等）属于具有法律效力并可执行的合同条款。这一共识已被多个国家的生效司法判决②确认。相关案例摘要如下所示。

案件名称	罗盒诉风灵案	案号	（2021）最高法知民终 2063 号
时间	2023-5-5	审理法院	最高人民法院
判决内容摘要	关于 GPL3.0 协议的法律性质。其一，协议的内容具备合同特征……该协议授予用户复制、修改、再发布等权利，实际上在授权人和用户间形成了权利变动，属于设立、变更、终止民事权利义务关系的民事法律行为。授权人许可的权利符合我国著作权法的相关规定；其采用开源许可证发布源代码，将自己的大部分著作权授予不特定用户，完全是出于自愿。用户在许可证下复制、修改或再发布源代码，通过行为对许可证做出承诺，也是出于自愿。用户在对源代码进行复制、修改或发布时许可证成立，同时许可证发生法律效力。其二，协议的形式亦具备合同特征。GPL3.0 协议以电子文本方式表现其内容，而电子文本是一种有形的表现形式，属于以书面形式订立的合同。综上所述，GPL3.0 协议具有合同性质，可认定为授权人与用户间订立的著作权协议		

（2）开源许可证不仅是一种合同契约，更具有法律约束力。根据知识产权保护的基本原则（未经合法授权，擅自利用他人知识产权的行为构成侵权），被告因违反许可条件而失去许可的情形，与在许可范围外擅

---

① 美国案例中曾有对许可证是"合同"还是"许可"的法律理论争议，但该争议并不影响"开源许可证属于有效可执行的法律文件"的共识，从全球案例来看，开源许可证在更多情况下被认定为合同。

② 参见开放原子开源基金会开源法律资料库：（中国）数字天堂诉柚子科技案、（中国）罗盒诉玩友案、（德国）Welte 诉 D-Link 案、（美国）Jacobsen 诉 Katzer 案等。

三、开源许可证的应用与发展

自使用他人知识产权的情形一样,均属于侵权行为[1]。那么,当事人可以寻求哪些司法救济呢?在我国,原告可以自行决定对违反开源许可协议的行为选择寻求违约救济或侵权救济。相关案例摘要如下所示。

案件名称	罗盒诉玩友案	案号	(2019)粤73知民初207号
时间	2021-9-29	审理法院	广州知识产权法院
判决内容摘要	对违反开源软件许可协议的行为存在违约救济和侵权救济两种方式,这两种救济方式虽然都能在某种程度上弥补权利人的损失,但违约之债和侵权之债的救济形式与力度均有差别。违约当事人的损害赔偿责任范围小于侵权行为人的损害赔偿责任范围;违约责任守约方的法律救济措施主要包括继续履行和损害赔偿,侵权责任受害人的法律救济措施除包括停止侵害、损害赔偿、恢复原状等外,还包括临时禁令救济措施……违反开源许可协议可以寻求违约救济或侵权救济,两者竞合,由当事人自行选择		

2. 谁可以上法院维权?只要有独创性贡献的开发者就可以独立维权,即使是"不完美原告",也可以主张自己的权利。

(1)开源软件项目的贡献者往往数量众多、分布在各地且大多互不相识。随着项目的持续开源,贡献者数量会不断增加。如果要求必须经过所有贡献者的授权才能提起诉讼,那么开源软件的有效维权将变得不切实际。因此,开源软件项目的管理者对软件源代码的形成和维护一般具有决定性作用。在这种情况下,管理者无须经过其他贡献者的授权,即可以自己的名义起诉维权。如果其他贡献者对开源软件的著作权归属或权益分配存在异议,可以另行向项目管理者主张。然而,开源项目的普通贡献者通常无法就整个项目发起维权,维权资格仅限于其所贡献的有独创性的代码部分[2]。相关案例摘要如下所示。

---

[1] 参见开放原子开源基金会开源法律资料库:(中国)罗盒诉风灵案、(美国)Jacobsen诉 Katzer 案、(法国)Entr'ouvert 诉 Orange 案等。

[2] 参见开放原子开源基金会开源法律资料库:(中国)罗盒诉玩友案、(德国)McHardy 诉 Geniatech 案等。

案件名称	罗盒诉风灵案	案号	（2021）最高法知民终2063号
时间	2023-5-5	审理法院	最高人民法院
判决内容摘要	\multicolumn{3}{l	}{计算机软件在发布与开源之时已体现出创作者完整的创作意图……本案中项目管理者罗盒公司对"主分支"中涉案软件源代码的形成起到了决定性作用，贡献者提交的内容是否对涉案软件产生实质性影响尚不明确，根据在案证据难以得出贡献者系涉案软件合作作者的结论 退一步而言，即便贡献者对作品的创作产生实质性影响，即贡献者创作的代码具备独创性、可以单独使用、享有独立的软件著作权，基于GPL3.0协议，项目管理人与贡献者之间也可以存在相互许可的关系，项目管理人也可以成为被许可人，据此项目管理人对此类代码享有普通许可使用权……基于GPL3.0协议，根据开源软件项目管理人的上传开源代码并创建主分支，贡献者针对开源软件提交代码的发起拉取申请并经项目管理者同意后并入"主分支"等一系列约定内容及行为表现来看，贡献者针对开源软件提交代码并发起拉取申请应视为其默示同意作为普通被许可人的项目管理人提起侵权之诉，针对有关的被诉侵权行为可以一并认定并判赔。贡献者乃至在先代码著作权人若对涉案软件的著作权归属或权益分配存在争议，可另行向项目管理人主张。综上，本院认为罗盒公司作为提交了涉案软件绝大部分源代码的项目管理人，其提起本案诉讼无须经过其他贡献者的授权}

（2）在计算机软件侵权案件中，常常有被告抗辩称原告自己软件使用开源代码不合规、违反上游开源许可证（往往是强著佐权型），主张原告软件本应开源或存在权利瑕疵。对于这种结合原告上游许可证要求提出的"开源抗辩"又当如何处理呢？在绝大多数此类案件[①]中，法院均

---

① 从2019年审结的数字天堂诉柚子科技案（我国"GPL诉讼第一案"）到2023年审结的网经诉亿邦案（"开发者定心丸案"），唯一认可过被告"开源抗辩"并据此驳回原告主要诉讼请求的生效判决是（2021）苏01民初3229号未来诉云蜻蜓案。在该案中，法院认为原告未能履行其开源义务，如果强制执行原告权利，原告将从其不法行为中获益，这与民法上的诚信原则相矛盾，因此原告无权对被告行使其主程序的版权。该案裁判理由后被网经诉亿邦案裁判理由在实质上推翻。

三、开源许可证的应用与发展

未支持被告的抗辩理由。其中固然有相关被告在诉讼中未能充分举证证明原告确实负有开源互惠义务的个案情况,但更本质的原因是,作为合同存在的开源许可证,其法律效力存在相对性。也就是说,许可证条款所约定的权利与义务仅适用于开源软件权利人和使用者两方。使用者只对该权利人(而不是对任何人)负有义务,也只有该权利人能依据许可证向下游使用者主张相关权利。因此,在侵害计算机软件著作权案件中,基于开源软件进行二次开发的原告是否未尽开源义务和该原告是否基于其独创性贡献享有其二次开发的软件著作权是相对独立的两个法律问题[①],被告仅以原告并未依据开源许可证开源为由抗辩其不侵害原告软件著作权的,法院一般不予支持[②]。这一立场也与我国著作权司法实践中允许不完美原告基于其非法演绎作品向下游维权的一贯态度相符。相关案例摘要如下所示。

案件名称	网经诉亿邦案		案号	(2021)最高法知民终51号
时间	2023-10-12		审理法院	最高人民法院
判决内容摘要	首先,本案系针对涉案软件的著作权侵权纠纷,而非合同纠纷。尽管涉案软件涉及 GPLv2 协议这一许可合同,但在 OpenWRT 系统软件权利人并非本案当事人的情形下,基于合同相对性原则,本案不宜对涉案软件是否全部或部分受 GPLv2 协议约束、网经公司是否违反 GPLv2 协议、网经公司是否因此需承担任何违约或侵权责任等问题进行审理。其次,关于涉案软件是否受 GPLv2 协议约束……在 OpenWRT 系统软件权利人并非本案当事人的情形下,亦难以查明与 GPLv2 协议有关的前述系列事实。最后,亿邦公司与启奥公司并无证据证明网经公司通过 GPLv2 协议			

---

① 德国也有法院持相同观点,参见开放原子开源基金会开源法律资料库:(德国)Affilliseo 案等。

② 参见《最高人民法院知识产权法庭裁判要旨摘要(2023)》中网经诉亿邦案的裁判要旨:"在侵害计算机软件著作权案件中,涉案软件开发者是否未尽开源义务和是否基于其独创性贡献享有涉案软件著作权并不必然相关。被诉侵权人仅以涉案软件开发者并未依据开源协议开源为由,抗辩其不侵害涉案软件著作权的,人民法院一般不予支持。"

续表

判决内容摘要	已放弃其就涉案软件依据我国著作权法享有的著作权。退而言之，即便假定网经公司因违反 GPLv2 协议导致涉案软件存在权利瑕疵，该假定瑕疵亦不影响网经公司在本案中针对被诉行为寻求侵权救济

3. 什么情况会被认为构成违约/侵权？被许可人未按许可证要求履行义务。

（1）开源软件的使用者，即被许可方，如未按照开源许可证中明确规定的许可条件履行相应义务，则被认为构成违约或侵权行为。需要特别指出的是，无论使用者违反的是宽松型许可证还是强著佐权型许可证，无论违反的是许可证中的单一许可条款还是多个许可条款，均会导致违约或侵权的法律后果。例如，未注明对原始软件进行了修改、未声明原版权人，与不遵守开源互惠的行为一样，均可能导致许可终止①。使用者在履行开源许可证义务时，应注意准确理解具体条款要求，从既有案例可知，单纯仅在内部使用原开源软件的行为并不会触发 GPL-2.0 下的开源互惠义务，只有在对外进一步分发软件时，才会触发该义务②；再如，AGPL-3.0 中有关不得设置"进一步限制"的要求，针对的是被许可人，但这并不影响原始版权人在采用 AGPL-3.0 时设置的附加条件的有效性③。

（2）在开源许可证的相关法律问题中，最复杂且争议最集中的就是基于强著佐权型许可证所产生的衍生作品的开源边界问题。根据 GPL-2.0、GPL-3.0 等主要强著佐权型许可证条款，"基于原程序"所做的衍生修改版本必须遵守许可证的互惠性要求而全部开源，但包含原程

---

① 参见开放原子开源基金会开源法律资料库：（意大利）E-addons 案、（美国）Jacobsen 诉 Katzer 案等。
② 参见开放原子开源基金会开源法律资料库：（美国）XimpleWare 诉 Versata 案等。
③ 参见开放原子开源基金会开源法律资料库：（美国）Neo4j 诉 PureThink 案等。

三、开源许可证的应用与发展

序在内的"聚合体"中的其他独立且可分的程序可不受此限制,无须开源①。是否属于"聚合体"是一项复杂的法律问题,超出了许可证文本层面和技术层面,需要结合不同国家的司法规则与个案情况予以探索、说理和分析②。当前,我国法院就此问题的分析脉络也在多个案件的审理研判过程中逐步成形。相关案例摘要如下所示。

案件名称	数字天堂诉柚子科技案	案号	(2018)京民终471号
时间	2019-11-6	审理法院	北京市高级人民法院
判决内容摘要	一审庭审中,柚子科技公司、柚子移动公司认可该三个插件均处于独立的文件夹中,该文件夹中并无 GPL 开源协议文件。不仅如此,在 HBuilder 软件的根目录下亦不存在 GPL 开源协议文件。根据 GPL 协议的相关规定,GPL 协议的许可客体是在 GPL 协议许可下批准的受版权保护的程序以及基于该程序的衍生产品或修订版本。对于数字天堂公司涉案三个插件而言,在其所处文件夹中并无 GPL 开源协议文件,而 HBuilder 软件的根目录下亦不存在 GPL 开源协议文件的情况下,尽管 HBuilder 软件的其他文件夹中包含 GPL 开源协议文件,但该协议对于涉案三个插件并无拘束力,据此,涉案三个插件并不属于该协议中所指应被开源的衍生产品或修订版本……		

案件名称	不乱买诉闪亮时尚案	案号	(2019)最高法知民终663号
时间	2019-12-23	审理法院	最高人民法院

---

① 参见开放原子开源基金会开源法律资料库:(中国)数字天堂诉柚子科技案、(中国)不乱买诉闪亮时尚案、(中国)罗盒诉玩友案、(中国)未来诉云蜻蜓案、(中国)网经诉亿邦案、(法国)Entr'ouvert 诉 Orange 案等。

② GPL 系列许可证的管理方自由软件基金会(FSF)在其官网常见问题中指出:"在实践中怎么区分是独立且可分的两个程序,还是一个程序的两个部分呢?这是一个法律问题,最终会由法官来决定。我们相信合理的标准既依赖通信的机制(exec、pipes、rpc、共享地址空间的函数调用等),也依赖通信的语义(交换了什么样的信息)。"

续表

判决内容摘要	闪亮时尚公司上诉称不乱买公司的前端代码与后端代码存在交互且没有进行有效隔离，不是相互独立的，根据GPL协议的相关内容以及极强的传染性特性，不乱买公司的前端文件和后端文件共同构成其主张著作权的软件，整体软件都可以视为前端程序的修订版本，应当遵循GPL协议向所有第三方无偿开源。对此，本院认为，第一，前端代码一般是关于用户可见部分的编码，用以实现操作界面，如页面布局、交互效果等页面设计；而后端代码一般是涉及用户不可见部分的编码，用以实现服务端的相关逻辑功能。同时，前端代码与后端代码是可以分别独立打包、部署的。因此，前端代码与后端代码在展示方式、所用技术、功能分工等方面均存在明显的不同，不能因前端代码与后端代码之间存在交互配合就认定二者属于一体……第二，不乱买公司作为权利人在本案中明确放弃以前端代码主张权利，仅以后端代码主张权利，因此涉案软件仅为后端代码而非闪亮公司所称前端文件和后端文件共同构成涉案软件。第三，根据2007年6月29日发布的GPL协议第3版第5条……的规定，闪亮时尚公司所称GPL协议的"传染性"应当是指GPL协议的许可客体不仅限于受保护程序本身，还包括受保护程序的衍生程序或修订版本，但不包括与其联合的其他独立程序。本案中，虽然不乱买公司认可其前端代码中使用了GPL协议下的开源代码，但其主张权利的是后端代码，其后端代码是独立于前端代码的其他程序，并不受GPL协议的约束，无须强制开源

案件名称	罗盒诉玩友案	案号	（2019）粤73知民初207号
时间	2021-9-29	审理法院	广州知识产权法院
判决内容摘要	对于在逻辑上与开源代码有关联性且整体发布的衍生作品，只要其中有一部分适用了GPLv3协议发布，那么整个衍生作品都必须适用GPLv3协议而公开。本案中，沙盒分身部分功能代码是作为被诉侵权软件的衍生部分而整体发布的，玩友公司并未举证证明沙盒分身功能部分源代码是独立的，或使用了类似谷歌公司的安卓系统方法，即在各个独立的不同层级框架中适用不同的开源授权许可协议，因此被诉侵权软件应整体适用GPLv3协议		

三、开源许可证的应用与发展

案件名称	网经诉亿邦案	案号	（2021）最高法知民终 51 号
时间	2023-10-12	审理法院	最高人民法院
判决内容摘要	关于涉案软件是否受 GPLv2 协议约束，该问题涉及底层系统软件是否受 GPLv2 协议约束、上层功能软件是否构成 GPLv2 协议项下"独立且分离的程序"、二者间采用的隔离技术手段、通信方式、通信内容等如何界定及软件领域对 GPLv2 协议传导性的通常理解与行业惯例等因素。在 OpenWRT 系统软件权利人并非本案当事人情形下，亦难以查明与 GPLv2 协议有关的前述系列事实。		

4. 开源实践中还涉及哪些知识产权争议？

（1）在商业秘密方面，开源通常还涉及对软件相关的源代码、文档、信息等内容的定向或公开发布。因此，开源贡献者（无论是个人还是法人）在参与开源项目、使用开源项目时应当注意前置评估，确认其贡献是否受到有关保密义务的限制。若未经许可擅自对外贡献构成他人商业秘密的内容，或者未经授权擅自向保密的源代码中引入有衍生"开源互惠性"要求的代码，则可能构成对他人商业秘密的侵害，甚至引发保密义务与开源义务之间的直接冲突。相关案例摘要如下所示。

案件名称	花儿绽放诉盘兴数智案	案号	（2021）最高法知民终 2298 号
时间	2022-11-15	审理法院	最高人民法院
判决内容摘要	花儿绽放公司在本案中主张的涉案软件源代码不为公众所知悉、具有商业价值并采取了相应的保密措施，构成技术秘密。被告依据软件源代码使用许可合同获取涉案软件源代码后，在 GitHub 公共网站披露该源代码的行为，不仅构成合同违约，还构成技术秘密侵害。		

（2）在职务作品方面，在公司任职的开发人员所创作的开源开发成果可能属于职务作品（因而所有权或优先使用权原则上归属于所在公司）。然而，最高人民法院在近期案例中明确指出，开发者在非履行公司工作任务的情形下创作的开源软件并不属于职务作品范畴，明确保护了开发者通过开源开展科学研究和文学艺术创作的自由。相关案例摘要如下所示。

案件名称	行某科技诉吴某等案	案号	（2023）最高法知民终 144 号
时间	2024-12-17	审理法院	最高人民法院
判决内容摘要	关于行某科技公司主张诉争软件部分源代码上传 GitHub 网站的时间为工作时间，因开发诉争软件并非行某公司给吴某安排的工作任务，行某公司亦认可吴某已经完成了行某公司向其布置的工作任务，且行某公司未主张诉争软件系吴某主要利用行某公司的物质技术条件完成，因此，仅凭诉争软件的上传时间并不能认定诉争软件系职务作品，亦不足以证明诉争软件的著作权应归行某公司享有……对于自然人在职期间或离职一段时间内完成的非职务作品，虽然单位可以通过与作者签订合同的方式约定该作品的著作权归属于单位（相关合同约定具有形式上的合法性），但是在理解相关合同约定时，必须遵循公平原则和诚信原则，结合双方签订合同的背景和目的、作品与作者工作任务的关系、行业惯例、单位为著作权支付的对价等因素确定相关约定的含义，合理解释相关合同约定，避免出现用人单位与劳动者之间利益失衡，确保公民进行科学研究、文学艺术创作的自由得以实现		

在商标方面，开源项目往往拥有独立的项目名称和商标（即开源品牌），并基于公示的商标政策或使用指引规范使用（开源许可证通常并不授权使用开源品牌）。对开源生态中的上下游公司而言，将开源品牌直接用于自身商业产品或服务名称中的做法往往构成对开源品牌的滥用和侵权（如将"公司字号"与"开源项目名称"进行组合作为自身的商业产品或服务的名称使用）。商业公司在实践中应当以符合事实的描述性方式对开源品牌予以引述（如将自身商业产品或服务描述为"与'开源项目名称'兼容的产品或服务"）。开源品牌的权利人可以要求侵权方采取修改产品或服务名称、规范品牌使用等措施停止商标侵权行为[①]。

在专利方面，早期的开源许可证通常缺乏明确的专利许可范围和条件，尤其是在计算机软件可授权专利后，许多公司对开源项目可能引发的专利侵权风险忧心忡忡。不过，从全球实践来看，涉及开源软件的专

---

① 参见开放原子开源基金会开源法律资料库：（美国）XimpleWare 诉 Versata 案、（美国）Rotheschild Patent Imaging 诉 GNOME 基金会案等。

三、开源许可证的应用与发展

利侵权诉讼案件数量极少[①],且一旦发生此类案件,开源社区中的各利益相关方(包括贡献者、使用者)往往会高度关注并迅速联合行动,共同应对专利诉讼挑战,如通过筹集资金、成立防御性专利池(如开放发明网络)或公开悬赏专利无效证据等方式积极维护社区利益。

在反垄断方面,随着商业公司将"通过开源快速获取用户、占据市场"视为一个极其重要且有效的竞争策略,社区中也出现过对公司通过开源模式诱导形成市场垄断的相关质疑。不过,从全球相关争议的既有判决情况来看,相关权力机关基于"开源允许源代码等自由分叉(fork)复制"这一事实,正向地肯定了开源能够有效降低竞争门槛、避免形成市场垄断及技术锁定,从而促进市场竞争、优化竞争环境[②]。

5. 关于开源许可证合规与维权的小结

鉴于开源许可证在全球司法辖区普遍被认定为合法、有效且可执行的法律文件,开源合规工作无疑是所有开源参与者必须严肃、审慎对待的事项,尤其是那些基于开源代码二次开发、提供或使用商业产品与服务的公司和开发者。主流的宽松型开源许可证因其广泛的普及度、商业友好性、较为简单的合规要求及较低的法律风险,成为许多项目的首选。相比之下,强著佐权型许可证(如 GPL)不仅促进了下游持续开源与繁衍,也为商业模式的发展提供了更多的可能性。开源项目在选用主流的强著佐权型许可证时,可以通过自主增加例外条款明确给出被视为"独立且可分的程序"从而不受开源互惠性条款限制的技术路径。例如,OpenJDK 采用了"GPLv2+classpath 例外条款";Linux Kernel 采用了

---

① 参见开放原子开源基金会开源法律资料库:(美国)Progress Software 诉 MySQL 案、(美国)Elasticsearch 诉 Amazon 案、(德国)Linuxwerkstatt 案等。

② 参见开放原子开源基金会开源法律资料库:(美国)Wallace 诉 Free Software Foundation 案、(欧盟)Oracle 与 Sun Microsystems 合并申请案、(欧盟)Google Android 案裁决等。

"GPLv2+syscall 例外条款"。这种做法有效地降低了强著佐权型许可证在开源互惠性边界上的模糊性和不确定性，使开发者能够更加灵活地开发衍生版本，更好地实现开源与商业的平衡。

开源许可证构筑全球开源社区的底层法律规则，其在各国、各司法管辖区是否能得到统一的认可与执行，直接决定了开源生态是否能在全球范围内以一种全球通用、明确且可预见的共识规则高效无碍地运转。因此，开源法律领域开放、深入且持续的专业交流，有助于我们在充分理解和尊重各国、各司法管辖区的产业实践、法律规则、价值理念等国情差异的基础上，推动协调全球开源规则在法律解读、指引与执行方面不断趋同，持续支撑开源生态的全球化发展。

四、代码托管平台发展整体态势

代码托管平台是用于存储、管理和协作软件源代码及其开发流程的数字化基础设施。近年来,基于代码托管平台构建的开源社区已逐渐超越了单纯的技术工具属性,演进成为开源生态系统中的关键数字基础设施与协作枢纽。这些平台不仅是海量开源代码的"存储池",更是全球开发者协作交流的"社区家园"。在此过程中,我国的 AtomGit、Gitee、GitLink、GitCode 等平台发挥了重要作用。

在具体功能方面,代码托管平台通过提供版本控制、代码存储、协作功能,以及持续集成/持续部署(CI/CD)和项目管理工具等核心服务,极大地提升了开发效率,优化了开源项目的代码质量,强化了跨团队和跨地域的协作能力,同时有力保障了代码安全与项目合规性。代码托管平台提供的自动化构建、测试和部署流程大幅减少了人为操作失误,缩短了项目开发周期,提高了软件发布效率。协作工具的深度集成有效促进了团队成员之间的信息沟通与任务协调,确保项目按计划推进。此外,代码托管平台的权限管理和安全扫描检查功能,有效防止了代码库遭受未授权访问和安全漏洞等潜在威胁。随着人工智能技术与开源的深度融合,如 AI 辅助编程和智能问答等功能的应用,进一步降低了开源软件的使用与贡献门槛,提升了开发者的研发效率,推动了开源生态的繁荣发展。

（一）国内代码托管平台发展情况

目前，国内已有多个代码托管平台积极推动本土开源生态建设，但在生态建设、用户体验、技术创新和国际影响力等方面与国外仍存在较大差距。

AtomGit 是开放原子开源基金会旗下的代码托管平台，以联合各方共同支持开源生态发展为核心目标。AtomGit 具备软件协作开发、开源数据汇聚、开源专区工具、行业安全保障和开源治理等综合能力。截至 2024 年年底，AtomGit 的注册用户达到 152 万名。此外，AtomGit 已与 Gitee、GitCode 等国内其他主要平台达成合作，推动平台间开源数据和用户的互联互通，实现了用户在多平台间的相互授权登录等功能，并已初步搭建基于 AtomGit 的开源数据汇聚中心，用于支持开源项目评估和人才评价等场景。

Gitee 是国内较早成立且规模最大的代码托管平台，在本土化应用与社区运营方面的表现尤为突出，能够更精准地满足国内用户的个性化需求。除了提供开源社区服务，Gitee 还面向企业提供 DevOps 工具的付费服务。截至 2024 年年底，Gitee 公有云开源社区服务的注册用户已超过 1350 万名，托管仓库总数达到 3600 万个，企业付费用户超过 30 万名。

GitLink 是由中国计算机学会推出的代码托管平台，定位于开源创新服务平台，旨在打造一个共创、共建、共享的新型开源创新群智范式基础设施。截至 2024 年年底，GitLink 的注册用户超过 25 万名，托管仓库总数达到 144 万个，逐渐成为高校和科研机构开展开源创新与技术成果共享的重要平台。

GitCode 是由国内最大的技术社区 CSDN 推出的代码托管平台，专注于开源社区和人工智能社区的建设，支持开发协作、AI 搜索与辅助编程等创新功能。截至 2024 年年底，GitCode 的注册用户超过 400 万名，

四、代码托管平台发展整体态势

托管仓库总数达到 30 万个。

CNB 平台是腾讯云 CODING 团队最新推出的代码托管平台，依托腾讯的生态资源，通过整合微信、TAPD 及腾讯云资源等能力，为用户提供高效的云原生构建服务，促进国内开源项目的健康发展。

与全球最大的代码托管平台 GitHub 相比，国内平台在社区生态建设、社区文化塑造和用户激励机制方面仍有较大差距。自 2008 年上线以来，GitHub 依托其丰富的内容资源、庞大的全球用户基础及生态积累，形成了一个高度活跃的开源社区、成熟的贡献文化和有效的激励机制，凭借强大的市场影响力吸引了全球范围内的大量企业和高级开发者。相比之下，国内各代码托管平台正不断加大投入力度，积极推动社区建设，并取得了显著进展，特别是在服务开源鸿蒙（OpenHarmony）、开源欧拉（openEuler）等明星开源项目的社区培育方面表现突出。

在商业化模式探索方面，代码托管平台主要采取两种商业化模式：一种是以开源社区服务为主体，提供基础服务的免费支持，并针对企业用户的额外需求收取费用；另一种则专注于为企业提供 DevOps 工具服务。GitHub 采用了第一种模式，通过与微软的紧密合作，实现了资源整合与商业化能力的提升，保障了平台长期稳定的运营与发展。国内平台也面临运营所需资源成本高的问题，各平台正在积极探索适合自身特点的商业化路径及合作模式，部分平台正在尝试借鉴第一种商业化模式来获得更多的商业支持和资源整合。

总体来看，国内代码托管平台仍处于积极追赶阶段，在生态资源融合、商业化模式等方面持续深耕和探索，逐步确立了具有自身特色的竞争优势，展现出巨大的发展潜力。

（二）国内代码托管平台发展挑战

随着国内代码托管平台的快速发展，各平台在推动本土开源生态发展、满足国内开发者需求、优化开源项目管理等方面取得了显著进展，但在技术创新、产品功能完善、国际化进程、商业化模式探索及平台间的合作等方面仍面临一系列挑战。

技术创新是推动代码托管平台长期发展和提升竞争力的核心驱动力。然而，国内代码托管平台在技术创新的速度和深度上比较滞后，尤其是在新兴技术的应用和融合方面。尽管部分代码托管平台在技术创新方面有所尝试，但整体进展尚未达到国际领先水平。

产品功能的全面性和使用体验直接决定了开发者的选择。目前，国内代码托管平台在功能完善方面仍显不足。例如，代码仓库管理功能相对薄弱，无法满足大规模项目的复杂需求。平台的操作流程较为烦琐，影响了用户的使用效率。平台在与第三方工具的集成能力上也较为欠缺，无法实现工具链的高效协同。此外，平台的性能和稳定性仍需提升，整体用户体验仍需加强。

国内代码托管平台在国际化发展方面存在明显的短板，尤其是在品牌建设和市场推广上。尽管已在国内市场取得了一定的进展，但由于语言障碍、数据隐私和文化差异等因素，国内代码托管平台在吸引国际开发者方面仍面临许多挑战。

开源生态与商业化之间的平衡是国内代码托管平台面临的另一个重要挑战。如何在保证开源项目可持续发展的同时，确保平台的盈利，是其必须解决的问题。如果过度商业化，可能会限制社区的参与度，降低开发者的贡献和创新动力；如果过于注重开源，则可能会影响平台的盈利模式和可持续发展。需要通过探索更加灵活的商业化路径，实现平台的长期可持续发展。

综上所述，国内代码托管平台在发展过程中面临的挑战，既有技术、功能层面的亟待突破，也有国际化、商业化和合作方面的深层次问题。解决这些挑战，推动平台的可持续发展，需要技术创新的持续投入、功能完善的持续优化、国际化战略的进一步加强、商业化路径的合理规划及平台间深度合作的推动。

(三) 国内平台之间的竞争与合作

近年来,国内代码托管平台在快速发展的同时,市场竞争也在不断加剧。竞争主要体现在开发者资源竞争、优质开源项目竞争和付费商机竞争等方面。

(1) 开发者资源竞争。各代码托管平台纷纷通过提供多样化的权益和优质服务,吸引高质量开发者,以此提升平台的用户活跃度和整体影响力。开发者资源的竞争不仅体现在数量上,更体现在吸纳那些对平台生态和技术创新具有推动作用的核心开发者身上。

(2) 优质开源项目竞争。各代码托管平台通过提供资源支持、项目推广及社区治理等服务,积极争取有影响力的开源项目入驻。优质的开源项目不仅能够提升平台的知名度,还能带动更多技术和开发资源的聚集,从而形成一个正向的生态循环。

(3) 付费商机竞争。在商业模式的探索上,各代码托管平台主要聚焦于 DevOps 服务、广告收入和定制化服务等方面,力图通过多元化的盈利模式实现平台的可持续发展。这种商业化竞争既推动了平台功能的不断完善,也在一定程度上刺激了市场技术的创新。

尽管竞争激发了平台间的创新活力,但也带来了一些亟待解决的挑战。一是重复建设与资源浪费。在许多相似功能的研发上重复投入,既浪费了宝贵的研发资源,也使市场效率难以整体提升。二是数据隔离与信息孤岛。竞争使各平台之间在开发者数据和开源项目数据共享上存在明显的壁垒,制约了整个行业生态的协同效应与信息互联。三是难以形成统一战线。在面对 GitHub 等国际先进平台时,国内平台若不能整合资源、形成合力,很容易导致部分优质开发者和开源项目流失到海外平台,进一步削弱整体竞争实力。

在这一背景下，开放原子开源基金会开始发挥重要作用。旗下的 AtomGit 代码托管平台与 Gitee、GitCode 等平台签署了合作协议，共同构建了基于 AtomGit 的开源数据汇聚中心。这样的合作不仅有助于国内代码托管平台汇聚集体力量，还能更有效地应对国际平台的竞争压力，推动国内开源生态的进一步繁荣与发展。

（四）代码托管平台的发展建议

在技术升级方面，首先，借鉴全球领先平台的技术优势，如 GitHub 的社区驱动开发模式和丰富的 CI/CD 能力。其次，加强技术共享与合作，推动联合研发创新技术发展，避免重复"造轮子"，提高整体技术水平。最后，加大自主研发力度，在借鉴国际先进经验的基础上，根据国内开发者的实际需求，打造具有本土特色的技术解决方案，如提供更加便捷易用的 Web IDE 等。

在产品优化方面，首先，优化产品核心功能，提升项目开源协作、编译构建与版本发布等流程的使用体验。其次，引入 AI 技术优化开源协作流程，提升协作效率与管理质量。再次，完善 AI 辅助编程工具，进一步提升研发效率。最后，丰富生态工具，为开发者协作和项目发展提供一站式支持。

在国际化方面，首先，提升平台的合规能力和监管能力，确保平台和内容符合国际规范，为国际化奠定坚实基础。其次，积极吸引国际优质项目入驻，通过搭建全球技术社区，促进国内外技术交流与合作。最后，推动国内开源项目走向国际，吸引全球开发者参与项目贡献，促进国际企业采用我国的开源软件，扩大平台的国际影响力，提升全球竞争力。

在商业化方面，首先，积极拓展合作伙伴网络，与云厂商、互联网数据中心（IDC）、软件开发商及系统集成商等合作，推广平台及相关服

四、代码托管平台发展整体态势

务。其次，提供高级安全服务，如代码扫描、漏洞检测与安全防护，以确保客户代码的安全。最后，通过开发者培训、行业研究报告等多元化方式增强平台的盈利能力。

在支持开源生态建设方面，首先，注重成本控制及与开源支持之间的平衡发展，通过提供资源、技术支持和交流平台，促进开源项目的繁荣。其次，利用社区力量打造品牌影响力，以口碑效应反哺商业化，逐步形成良性循环，实现平台发展与开源生态建设的共赢。

特别是在平台合作方面，为进一步增强国内代码托管平台对开源生态发展的支撑作用，可优先考虑加强资源和技术共享，特别是在安全性和性能优化等领域的协作，以提升整体服务水平。与此同时，根据各平台的优势在重点项目上进行分工合作，确保协同推动项目发展。

五、重点技术领域开源发展态势

（一）开源操作系统领域发展态势

1. 开源操作系统领域发展步伐加快

技术创新驱动开源操作系统加速迭代升级。作为关键基础软件，操作系统具备对技术环境变化的高敏感性和强适应能力。近年来，随着云计算、物联网等新兴技术的迅速普及，开源操作系统持续在容器化、虚拟化及网络优化等关键领域实现创新演进。国际领先企业如红帽（Red Hat）、谷歌、微软等通过持续的技术投入、社区贡献及生态治理，形成了"技术反哺社区—提升自我竞争力—拓展市场影响力"的良性发展循环。与此同时，国内科技龙头企业日益积极地投身开源生态建设，通过将自主研发的操作系统开源或深度参与社区建设，不断巩固开源模式在国内数字技术创新领域的主流地位。这种协作共享的产业生态氛围极大地促进了本土开源社区的快速成长，企业通过社区协作共享研发成果，有效降低重复投入成本，共同解决底层技术开发中的共性难题。

近年来，外部环境的重大变化为国产开源操作系统带来了重要的发展机遇。其中，最具代表性的事件是 Red Hat 宣布停止对 CentOS 发行版的长期维护与支持。CentOS 作为全球应用最广泛的 Linux 服务器发行版之一，其停止服务直接导致大量国内企业在系统升级、安全保障和长期技术支持等方面面临严峻挑战，不得不加速寻找稳定、可靠的替代方案。CentOS 的退出在国内外开源生态中形成了明显的市场空白，客观上为国产开源操作系统提供了良好的替代契机。国内相关厂商迅速把握市场需求，加快自主开源操作系统的技术优化、产品推广与生态布局，推动自主创新进程明显提速，整体应用规模呈现出前所未有的高速增长态势。

2. 我国开源操作系统领域建设取得显著成果

近年来，我国涌现出一批具有重要行业影响力的开源操作系统项目及其活跃的社区生态。其中，以开源鸿蒙（OpenHarmony）、开源欧拉（openEuler）、openKylin、OpenAnolis 和 OpenCloudOS 为代表的五大国产开源操作系统，在 2024 年均实现了关键技术突破和显著的生态发展，整体呈现出良好的发展势头。

OpenHarmony 是由开放原子开源基金会孵化及运营的开源操作系统项目，目标是打造智能终端开源操作系统根社区。截至 2024 年年底，在组织参与方面，已有 70 多家共建单位（包括华为、深开鸿、润和软件等核心代码贡献单位），共有 395 家生态伙伴加入。在活跃开发者方面，汇聚了超过 8100 名代码贡献者。在社区活跃度方面，累计贡献超过 1.2 亿行代码，持续迭代更新 OpenHarmony 4.1 Release 和 OpenHarmony 5.0 Release 两个版本。在应用场景拓展与合作方面，已有 962 款产品通过兼容性测评，应用覆盖金融、电力、教育、交通、医疗、航天等行业领域[①]。

openEuler 是由开放原子开源基金会孵化及运营的开源项目，是面向数字基础设施的开源操作系统。截至 2024 年年底，在参与组织方面，已有 1956 家社区成员单位，覆盖从处理器到行业应用、云服务等全产业链伙伴。在活跃开发者方面，汇聚了超过 2 万名代码贡献者。在社区活跃

---

① 数据来源于《2024 OpenHarmony 社区年度运营报告》。

度方面，发布首个 AI 原生开源操作系统 openEuler 24.03 LTS。在应用场景拓展与合作方面，新增装机量突破 500 万套，广泛应用于互联网、金融、运营商、能源、公共事业等行业领域[①]。

openKylin 是由开放原子开源基金会孵化及运营的开源项目，目标是打造桌面开源操作系统根社区。截至 2024 年年底，在参与组织方面，已有超过 830 家会员单位，成员包括国家工信安全中心、中科方德、麒麟信安、龙芯中科、凝思软件等众多国内操作系统产业链单位。在活跃开发者方面，汇聚了超过 13600 名代码贡献者。在社区活跃度方面，openKylin 2.0 系列累计发布 6 个迭代版本。在应用场景拓展与合作方面，已适配超过 6500 款软件，广泛应用于政府、国防、金融、教育、财税、公安、审计、交通、医疗、制造等行业领域[②]。

OpenAnolis 是服务器端开源操作系统。截至 2024 年年底，在参与组织方面，已有超过 1000 家社区生态伙伴，来自芯片、软件、整机、操作系统厂商等整个产业链共同参与生态共建。在活跃开发者方面，凝聚了来自理事单位和开源社区的众多开发者。在社区活跃度方面，发布 Anolis OS 23 等多个版本。在应用场景拓展与合作方面，装机量突破 800 万套，已在金融、通信、政务、能源、交通等诸多行业实现规模部署[③]。

OpenCloudOS 的目标是打造下一代云原生开源操作系统。截至 2024 年年底，在参与组织方面，社区上下游共建企业已有 800 家。在活跃开发者方面，触达超过 15 万名开发者。在社区活跃度方面，发布 OpenCloudOS Stream 23 LoongArch 等版本。在应用场景拓展与合作方面，兼容适配超过 96000 款软硬件，广泛应用于金融、电力、能源等行

---

① 数据来源于《2024 openEuler 社区年度运营报告》。
② 数据来源于《2024 openKylin 社区年度运营报告》。
③ 数据来源于《2024 龙蜥社区白皮书》。

业领域①。

我国正逐步构建以开源社区为核心载体、产学研用多方协同共建的操作系统生态体系。这一体系以自主根社区为技术创新源头，上游推动关键技术的突破；中游由企业基于社区技术开发多元化的商业发行版本；下游则涵盖了不断扩大的用户群体和丰富的应用场景。在整个生态链中，开源社区扮演着不可替代的平台枢纽角色。一方面，开源社区有效聚合了产业链上下游资源，避免了传统封闭开发模式带来的技术碎片化与资源重复投入；另一方面，社区以开放协作的方式推动技术创新与商业应用之间实现高效互动，加快了技术成果的产业化应用与快速迭代。建设中国主导的开源根社区，将以更大范围、更高效率激活产业资源，打通技术、商业与人才资源之间的融合通道。以开源社区为核心的生态构建模式，帮助我国操作系统产业有效摆脱传统封闭模式的桎梏，走向协同创新、开放共赢的高质量发展路径，为我国基础软件产业的可持续发展与规模化应用提供坚实支撑。

3. 开源操作系统发展展望

（1）技术展望

开源操作系统对 RISC-V 架构的适配能力将持续增强。作为一种开放、模块化的指令集架构，RISC-V 的标准化特性显著降低了软硬件协同门槛，提升了多厂商产品间的兼容性，激发了全球开发者的支持意愿。近年来，Linux Kernel 中与 RISC-V 相关的代码提交数量和活跃贡献者规模持续上升，反映出该架构在开源社区中的热度与成熟度正在不断提升。与此同时，Linux Kernel 对 RISC-V 的原生支持也带动了多个主流 Linux 发行版加快在 RISC-V 平台上的适配和优化步伐。RISC-V 所具备的免授权费用、架构灵活性和可裁剪性等优势，尤其契合物联网、车载系统、边缘计算等嵌入式场景的应用需求，进一步催生了对相应开源操作系统

---

① 数据来源于"2024 OpenCloudOS 社区年会"。

的广泛需求。随着 RISC-V 在产业链中的不断渗透，未来将有更多开源操作系统围绕该架构进行深度优化，实现软硬件生态的协同跃迁。

Rust 语言在操作系统领域的应用将持续拓展，并在未来占据更加关键的位置。Rust 语言以"内存安全、并发安全、无运行时开销"为核心设计理念，为操作系统开发提供了兼顾性能与安全的理想语言选项。其所有权模型与借用检查机制可有效避免空指针、数据竞争等常见问题，使开发者在构建多线程、高并发系统时更加高效与可靠。与此同时，Rust 语言在抽象能力与编译性能之间实现了良好的平衡，编译后代码性能接近 C/C++，但具备更强的安全保障与代码可维护性。更重要的是，Rust 语言与现有 C/C++代码库具备良好的互操作性，能够以增量替代方式逐步引入传统操作系统项目中，避免"全盘重写"的技术与资源风险。随着越来越多开源项目采用 Rust 语言编写内核模块、系统服务与驱动组件，Rust 语言在操作系统技术体系中的战略地位正在不断上升。

云计算与人工智能的深度融合，正在驱动操作系统迈向云智融合的新阶段。在数字基础设施加速重构的背景下，操作系统正由传统资源管理平台演进为云原生与智能调度并重的协同核心。云计算的规模化普及要求操作系统具备更高的资源弹性、自动化运维能力和对分布式架构的原生适配能力，推动轻量化内核、微内核与容器技术成为主流技术路线。开源社区正加快面向 Kubernetes 等云原生生态的操作系统优化，如支持按需伸缩、快速冷启动与服务编排。与此同时，人工智能工作负载日益成为基础平台设计的关键考量，操作系统需具备对异构计算资源的高效调度能力，并提供针对大模型训练、推理等场景的系统级优化方案。未来，随着 AI 模块向操作系统内核嵌入及向 API 延伸，新一代"云智原生"操作系统将在性能自适应、安全可信、生态协同等方面实现质的突破，成为支撑智能社会、数字经济发展的核心技术底座。

（2）产业展望

生态主导力持续提升，自主根社区引领产业发展。随着开源鸿蒙、

五、重点技术领域开源发展态势

开源欧拉等自主根社区的逐步成熟，我国操作系统产业对国外社区的依赖性将显著降低，本土社区将逐步掌控技术路线与版本迭代。未来，这些根社区预计将吸纳更多全球开发者参与，逐步实现国际化，在全球开源格局中占据重要位置。同时，社区主导的多元共治模式将打破过去单一厂商主导开发的局限，更好地整合多方优势资源，共同分担研发成本，提升产业韧性和创新活力。拥有自主根社区的中国操作系统生态有望在数字基础设施建设中发挥"压舱石"的战略作用。

产业协同创新不断深化，构建开放共赢合作生态。开源操作系统的发展将进一步深化产业链各环节间的协同创新。硬件厂商、整机厂商、基础软件企业和应用开发者将紧密围绕开源社区进行联合创新，实现软硬件深度适配，提升系统的整体性能和稳定性。通过开源社区平台，不同行业的企业可以共享需求、合作开发，形成针对政府、金融、通信、制造等各行业的完整解决方案，加速操作系统的行业落地。此外，开源社区也将成为重要的人才培养和技术交流平台，产学研用各方通过社区协作，推动知识共享与标准共建。这种大协作模式不仅有效降低了重复投入成本，也能更高效地利用各方资源，提升整体市场竞争力。越来越多的企业将开源社区视作战略合作伙伴，共同规划发展路线，推动功能演进，共同繁荣开源生态。

开源操作系统产业在我国正迎来前所未有的发展机遇。开源鸿蒙、开源欧拉等社区将持续壮大，生态主导能力将进一步强化。产业链协作与政产学研合力有望突破关键技术瓶颈；与新兴技术融合的操作系统将广泛赋能各行各业的数字化升级。在产业各方的协同努力下，我国有望构建开放、充满活力的操作系统生态，实现由跟跑向并跑乃至领跑的战略转型。这不仅将有力支撑数字中国、智慧社会建设，也将为全球技术创新贡献中国力量。

（二）开源人工智能领域发展态势

1. 开源 AI 的定义正持续变化演进

传统开源软件通常强调源代码免费开放，任何人均可自由地查看、使用、修改和再分发，同时需遵循符合开源倡议组织（Open Source Initiative，OSI）明确规定的许可标准。这些标准包括但不限于源代码免费提供、允许衍生作品自由发布，以及不得歧视特定用户群体或应用领域等。因此，开源的内涵不仅在于源代码的公开可用，更强调赋予下游用户充分自由的法律许可。

然而，随着 Llama 1、Llama 2、StableLM 等人工智能大模型的推出，逐渐出现了"开源"概念与传统许可证定义脱节的问题。一些开发者或组织使用"开源"术语时，仅指其 AI 模型或代码可被公开下载，相关许可证仍可能存在明确的使用限制。例如，Meta 公司将 Llama 2 宣传为"开源模型"，但其使用的 Llama 2 社区许可证（LLAMA 2 Community License）规定，若被许可方或其关联公司提供的产品或服务的每月活跃用户数量在上一个日历月中超过 7 亿名，则必须向 Meta 公司申请单独的商业许可证，Meta 公司自行决定是否授予该权利。开源软件许可证一般没有此类规定，该规定事实上要求大型互联网公司单独申请商业许可，将其排除在 Llama 2 社区许可证适用的被许可人范围之外。严格来说，这并不符合 OSI 所界定的开源定义。此外，也有组织使用如 OpenRAIL 等包含明确使用限制的许可证，这进一步加剧了人们对开源定义的模糊与混淆。

从更广泛的角度来看，即使忽略许可证的细节，将传统开源软件中强调的"免费且公开的源代码"概念直接套用在 AI 领域也存在适配性问题。这是由于 AI 系统与传统软件的构成方式有根本性差异。在 AI 领域，源代码可能包含模型推理代码和训练代码，两者可以独立发布。此外，AI 系统还涉及模型权重和训练数据等其他核心要素，这些要素同样

五、重点技术领域开源发展态势

可以单独共享或独立于源代码而保留。正因如此，传统的开源定义无法充分覆盖 AI 系统特有的多元组件与开发方式。

2024 年 10 月，OSI 携手微软、谷歌、亚马逊、Meta、Linux 基金会等公司和机构，正式发布了开源人工智能定义（OSAID）1.0 版本。依据该定义标准，开源人工智能旨在使用户能够构建并部署可靠且透明的人工智能系统。其涵盖以下四个关键条件：一是使用自由。用户能够不受许可限制或其他约束，自由地将开源 AI 系统应用于任意领域或场景，充分发挥其价值。二是研究自由。用户拥有深入研究系统运行机制的权利，可以检查系统组件，透彻了解算法、模型结构及数据处理方式等细节，助力自身技术探索与学习。三是修改自由。用户有权基于任何目的对系统进行修改，无论是为了提升系统性能与功能，还是为了改变其输出结果，以满足多样化的应用需求。四是共享自由。用户可以自由复制、分发开源 AI 系统的副本，让更多人能够使用该系统并从中受益，以促进技术传播与应用。

2. 主要科技巨头企业在拥抱开源 AI 上采取差异化策略

（1）Meta 凭借精妙的开源策略巩固 AI 领域的领先地位

Meta 通过发布 Llama 系列模型，不仅重塑了全球大模型市场的竞争格局，也重新定义了科技巨头参与开源的方式。

Meta 开源的核心特点主要表现在三个层面：其一，有限开放。公开模型权重，但限制商业使用和分发。其二，研究导向。Meta 开源主要面向学术机构和非营利组织。其三，访问控制。用户需申请访问权限，Meta 保留批准权。具体而言，Meta 开源 Llama 所获得的战略收益主要体现在三个方面：其一，快速建立技术影响力。在 DeepSeek 问世之前，Llama 一度成为全球开源大模型的首选。其二，推动生态系统迅速扩张。在 HuggingFace 平台上，基于 Llama 开发的衍生模型数量已超过 85000 个，形成了强大的生态效应。其三，有效吸引顶尖 AI 人才，开源的 Llama 项目为 Meta 在全球范围内汇聚了大量高水平研究人员。值得注意的是，

Meta 的开源策略设计精巧，其仅公开模型权重的方式既保护了训练数据和核心算法，又实现了技术的广泛传播。

（2）微软在开源与闭源之间寻求平衡

微软的平衡策略更加务实与精细。通过与 OpenAI 的战略合作，微软获得了 GPT 等顶尖闭源模型的独家商业使用权，同时在基础设施层面持续进行开源投入。微软开发的 DeepSpeed 开源算法库支持超大规模模型的高效分布式训练，突破了单卡显存限制。这种在基础设施层的开源贡献既推动了整个生态的健康发展，又确保了微软在应用层的差异化竞争优势。值得强调的是，微软着眼于平台生态建设，这种生态级开源布局较之单纯开源单个模型而言，更具长期战略价值。

OpenAI 则经历了从开源到闭源的重大转型，这一转型成为 AI 领域最具争议的事件之一。OpenAI 开源的核心特点主要表现在三个层面：其一，封闭性。模型权重和训练数据不公开，仅提供黑箱化的 API。其二，商业化。通过订阅服务和 API 收费实现盈利。其三，安全性。闭源模式有助于控制模型滥用风险。从最初的非营利开源机构转变为商业化的闭源公司，OpenAI 的转型充分体现了 AI 商业化道路上的经济压力。然而，随着 DeepSeek 等竞争对手的强势崛起，OpenAI 当前正面临新的战略抉择点。

（3）国内头部企业在开源 AI 领域表现突出

阿里巴巴一直积极拥抱开源 AI，在国内头部企业中表现亮眼。阿里巴巴的通义千问（Qwen）系列模型代表了中国企业在开源 AI 领域取得的重要突破。在技术层面，Qwen 系列模型涵盖不同规模，满足多样化的应用需求，尤其在中文理解和处理上表现突出，弥补了国际主流模型在非英语领域的不足。在生态建设方面，Qwen 与阿里云的深度整合为开发者提供了从模型获取、微调到部署的一站式便捷服务。这种"模型+云服务"的组合形成了阿里巴巴的独特竞争优势。同时，阿里巴巴积极参与国际开源社区，其模型在 Hugging Face 平台上的广泛应用彰显了

五、重点技术领域开源发展态势

其良好的国际认可度。

DeepSeek 则以其极致的效率优化迅速震动了全球 AI 产业格局。其推出的 V3、R1 模型以高效能、低成本的研发方式直接挑战了传统 AI 技术范式，彻底颠覆了"高性能 AI 必然需要巨量算力"的固有认知。DeepSeek 开源的核心特点主要表现在三个层面：其一，完全开放。模型权重、代码和部分训练数据公开。其二，商业友好。DeepSeek 开源允许商业使用，无歧视性限制。其三，社区驱动。DeepSeek 开源鼓励社区协作和创新。此外，DeepSeek 选择了最宽松的 MIT 开源许可协议，完全开放模型权重和代码，强调自由使用、修改和分发，包括商业用途。

3. 值得关注的几个问题

（1）开源 AI 安全风险管控难度显著上升

随着开源人工智能技术的快速扩散，其可部署性显著提升，在激发创新的同时，被恶意行为者滥用的风险持续上升。近年来，多起模型"越狱"（即绕过安全对齐机制）事件引发广泛关注。与此同时，开源 AI 被用于增强网络攻击能力的现象日益普遍。已有研究显示，部分攻击者借助大模型自动生成恶意代码、伪造钓鱼邮件或绕过安全验证机制，从而显著降低了攻击门槛。此外，在模型训练过程中若引入未经脱敏的敏感数据，亦可能造成用户隐私泄露，形成新的攻击面。

（2）知识产权保护与开源精神之间存在的矛盾

知识产权问题已成为开源人工智能面临的核心挑战之一，覆盖训练数据的合法性、模型结构的可保护性及生成内容的归属等多个关键层面。其中，训练数据的版权争议最为突出。当前大多数生成式 AI 系统均基于从互联网中广泛抓取的文本、图像、音频等数据进行训练，而这些数据中相当一部分受现有版权法保护，未经授权使用极易引发作家、艺术家、媒体机构等权利主体的法律诉讼，已成为行业高频争议点。

与此同时，模型衍生成果的归属界定日益复杂。在开源模式下，企业即便投入大量资金、人力和算力资源开发出具备高性能的模型，也需面临免费开放权重和部分代码的要求，这一激励机制的失衡引发了对其商业可持续性的广泛质疑。部分厂商已通过设置限制性开源许可（如限制商用或再训练）试图平衡开源与知识产权保护之间的张力，但其合法性与合规性仍存在争议。

更深层次的问题在于，现行的知识产权法律体系主要面向传统软件与实体作品构建，难以有效适配 AI 模型所呈现出来的动态性、数据依赖性与非线性生成特征。目前尚无明确法律共识可判定模型权重是否构成版权保护对象，也缺乏清晰的标准来界定训练过程中的学习是否构成对原始数据的复制行为。

（3）不同国家的 AI 监管政策或对生态造成碎片化影响

各国 AI 监管政策的差异正在割裂全球开源生态，形成了复杂的合规挑战。一方面，数据本地化要求会影响模型训练。越来越多的国家要求数据不能出境，这与 AI 模型需要海量多样化数据的特性相冲突。开源项目如果要服务全球用户，就必须应对各国不同的数据监管要求，从而增加了巨大的合规成本。另一方面，责任归属的法律真空带来风险。当开源 AI 造成损害时，是由原始开发者、修改者还是使用者负责？不同国家的法律体系给出了不同答案，或者根本没有答案。这种不确定性让所有参与方都面临潜在的法律风险。

开源社区固有自治机制难以应对开源 AI 带来的复杂挑战。一方面，技术门槛限制了社区参与。在传统开源软件领域，普通开发者就能贡献代码，也能参与社区贡献。但 AI 项目需要深厚的数学功底和大量计算资源，导致有能力参与的开发者愈发稀少。另一方面，社区决策机制难以处理伦理问题。技术问题可以通过代码质量来判断，但当社区面临"是否接受可能被用于监控的代码贡献"这类伦理问题时，传统的技术精英决策模式失效了。此外，随着大量商业公司的涌入，早期单纯的、不以营利为导向的开源氛围也在发生变化。大公司试图主导项目方向，初创企业寻求技术优势,政府机构关注安全问题,各方都有复杂的利益考量。

(三)开源数据库领域发展态势

1. 开源数据库领域发展步伐加快

主流开源数据库性能已接近或超越商业数据库。开源数据库在性能指标上的突破性进展标志着其技术成熟度达到新高度。开源数据库技术架构从单一模式向多元化融合发展。开源数据库的技术架构正在经历从传统单体架构向分布式、云原生架构的根本性转变。PostgreSQL 等传统关系型数据库正在通过 pgvector 等扩展,积极融合 AI 和向量计算能力,标志着传统数据库与人工智能技术的深度融合。这种融合不仅仅是功能的简单叠加,更是在架构层面的深度整合,使数据库能够直接支持机器学习模型的训练和推理。多模数据库的兴起代表了另一个重要的架构演进方向。以 OceanBase 为例,其整合了 SQL 和 NoSQL 数据库的功能,能够无缝处理 SQL、XML、JSON、键值对、向量、全文搜索、地理空间数据等多种数据类型。这种架构创新极大地简化了企业的数据管理复杂度,避免了传统上需要部署多种专用数据库系统的困境。同时,时序数据库如 TimescaleDB、图数据库如 Neo4j 等专用数据库的蓬勃发展,也展现了开源数据库生态的多样性和专业化趋势。

云原生与分布式成为开源数据库发展的主流方向。AWS 在 2024 年年底推出的 Aurora Distributed SQL(DSQL)服务,进一步强调了对高性能和可扩展性的需求,反映了市场对云原生分布式数据库的强烈需求。这种架构转变不仅仅是技术层面的升级,更代表了数据库使用模式的根本性变革。云原生数据库通过容器化部署、微服务架构和弹性伸缩等特性,能够更好地适应现代应用的动态需求。此外,分布式架构的普及使开源数据库能够处理前所未有的数据规模。Apache Cassandra、CockroachDB 等分布式数据库通过创新的一致性协议和数据分片策略,实现了跨地域、跨数据中心的高可用部署。这些技术进步使开源数据库能够支撑互联网巨头级别的应用场景，处理每秒数百万次的事务请求。

头部开源项目商业化运作模式逐步成熟。开源数据库的商业化探索取得成功，成功的商业化案例主要集中在以下几种模式：一是提供企业级技术支持和咨询服务，如 Red Hat 对其支持的开源数据库提供的订阅服务；二是云托管服务模式，AWS、Microsoft Azure 和 Google Cloud Platform 等云服务提供商通过 Amazon RDS、Azure Database for PostgreSQL 和 Google Cloud SQL 等托管服务，将开源数据库与云基础设施深度整合；三是开放核心模式，即保持核心功能开源，而将高级功能作为商业版本提供。

2. 我国开源数据库逐渐实现发展大跨越

TiDB 是一个开源分布式关系型数据库，旨在为用户提供高可用性、强一致性的数据存储和处理解决方案，并倡导开放协作与共享。其生态构建强调与用户、开发者及商业伙伴的合作，以促进技术创新和推动生态系统的繁荣。同时，TiDB 的社区治理模式注重透明与共赢，通过多种方式鼓励用户、高校、企业和开发者的参与，并专注于技能培训，增强参与者的开发能力，提高社区整体技术水平。

openGauss 是一个基于 Linux 的开源数据库系统，旨在为用户提供高性能、高可用性和安全的数据管理解决方案。其生态系统强调开放合作与共享，致力于推动技术创新和生态繁荣。openGauss 的社区治理模式注重透明与共赢，通过线上线下相结合的方式定期召开社区会议和技术沙龙，鼓励高校、企业和开发者广泛参与。

OceanBase 是由蚂蚁集团开发的一款开源分布式关系型数据库，成立于 2010 年，旨在为用户提供高性能、高可用性和强一致性的数据库解决方案。自开源以来，OceanBase 的生态系统不断发展，强调开放合作与共享，致力于推动技术创新和生态繁荣。在组织结构方面，OceanBase

社区吸引了来自不同行业的贡献者，目前已有超过 2000 家客户选择 OceanBase 作为其核心数据库解决方案。这些客户覆盖金融、零售、教育等多个领域，包括知名品牌如 SAIC 大众、VIVO、海底捞、Trip.com 和 GCash 等。

国产开源数据库在分布式事务处理、多租户隔离、混合负载处理等特定技术领域形成了独特优势。这些技术优势的形成很大程度上源于中国互联网企业面临的超大规模、高并发的独特业务挑战。例如，在电商大促、春节红包等极端场景下积累的技术经验，使国产数据库在处理海量并发请求方面具备世界领先的能力。在特定行业应用方面，国产开源数据库展现出了深度定制和优化的能力。面对金融级高可用、政务数据安全合规、电信级性能要求等不同行业的特殊需求，国产数据库已在相应领域形成了技术专长。这种基于本土市场需求的技术创新使国产开源数据库在某些细分领域领先于国际同类产品。

开源成为国产数据库走向国际的重要路径。开源模式为国产数据库提供了绕过传统商业壁垒、直接参与国际竞争的机会。通过开源，国产数据库能够快速获得国际开发者的关注和参与，建立全球化的用户和贡献者社区。这种开放的发展模式不仅加速了技术迭代，更重要的是建立了国际信任和品牌认知。通过积极参与国际标准制定、贡献核心代码到国际主流项目、在国际会议上分享技术成果等方式，国产数据库正在逐步提升其在国际开源社区的话语权。这种软实力的建设为国产数据库的全球化发展奠定了坚实的基础。

3. 开源数据库发展展望

（1）技术展望

AI 技术融合将大幅提升数据库智能化水平。人工智能与数据库的深度融合正在开启数据管理的新纪元。OceanBase 的向量数据库能力展示了这一趋势，其内置的向量功能能够直接在 SQL 中支持 AI 开发，简化

AI技术栈并实现跨结构化、半结构化和非结构化数据的混合搜索。这种融合不仅仅是功能层面的叠加，更是从架构层面重新定义了数据库的能力边界。智能化运维将成为数据库发展的重要方向。通过机器学习算法，数据库能够实现自动索引推荐、查询优化、故障预测和自动修复等功能。这些智能化能力将大幅降低数据库的运维成本，提升系统的稳定性和性能。未来的数据库将更像一个能够自我学习和优化的智能系统，而不仅仅是被动的数据存储工具。自然语言查询接口的普及将降低数据库使用门槛。随着大语言模型技术的成熟，用户将能够使用自然语言直接查询数据库，无须掌握复杂的SQL语法。这种技术进步将使更多非技术人员能够直接访问和分析数据，极大地扩展数据库的应用范围。

专用数据库针对垂直场景深度优化。垂直领域的专用数据库将呈现快速发展态势。时序数据库如TimescaleDB专门针对时间序列数据管理进行了优化，图数据库Neo4j在处理复杂关系数据方面表现卓越。这种专业化发展趋势反映了不同应用场景对数据管理的差异化需求。物联网和边缘计算场景催生新型数据库需求。随着物联网（IoT）设备的爆发式增长，传统的中心化数据库架构难以满足海量设备数据的实时处理需求。专门针对边缘场景优化的轻量级数据库能够在资源受限的环境下提供高效的数据管理能力。这些数据库通常具有占用资源少、启动快、支持离线操作等特点。金融科技领域等专精应用场景的需求有望推动专用数据库的发展，如DolphinDB专注于高性能分布式时序数据处理，在金融量化分析等场景获得广泛应用。区块链、隐私计算等新兴技术也在推动相应的专用数据库技术发展，以满足数据主权、隐私保护等特殊需求。

跨云跨端统一管理成为发展方向。随着多云混合部署成为企业数据架构的主流选择，开源数据库凭借其可移植性和定制化能力，能够很好地适应多云环境，避免厂商锁定，确保在不同云平台间的最优性能和成本效率。这种灵活性对于拥有复杂IT环境的大型企业尤为重要。数据库的云边端协同能力将不断增强。未来的数据库架构将是一个跨越云端、边缘和终端的统一系统,能够根据数据的特性和应用需求,智能地在不同层级间分配计算和存储资源。这种架构能够同时满足实时性、可靠性和成本效率的要求。统一的数据管理平台将简化企业 IT 架构。通过提供统一的 API、一致的数据模型和透明的数据迁移能力,新一代开源数据库将帮助企业构建更加灵活和高效的数据基础设施。这种统一性不仅降低了管理复杂度,也为数据的自由流动和价值挖掘创造了条件。

(2)产业展望

开源数据库的企业级特性不断完善。目前,开源数据库在企业级应用中的表现越来越出色,一些领先的开源项目甚至在特定场景下超越了商业数据库。这种技术上的趋同正在改变用户的选择逻辑。同时,商业数据库厂商拥抱开源成为不可逆转的趋势。传统的商业数据库巨头开始推出开源版本或基于开源技术的产品,试图在开源浪潮中保持竞争力。这种策略转变不仅体现了市场压力,更反映了开源模式在技术创新和社区建设方面的优势。同时,一些商业数据库开始采用"开源核心+商业增值"的混合模式,既享受开源带来的创新活力,又保持商业收入来源。此外,用户选择标准将从过去单一的"开源 vs 商业"评价尺度转向综合评估,用户不再简单地以开源或商业作为主要标准,而是更加关注总体拥有成本、技术支持质量、生态系统完善度、战略可持续性等综合因素。这种理性的选择逻辑推动了开源和商业数据库不断完善自身的产品与服务。

云服务商主导地位将继续强化。AWS、MicrosoftAzure 和 GoogleCloudPlatform 等主要云服务商通过提供托管的开源数据库服务,极大地降低了企业使用开源数据库的门槛。这种"数据库即服务"的模式使企业无须关注复杂的部署和运维工作,可以专注于业务开发。云原生架构成为开源数据库的标准配置。新一代开源数据库项目从设计之初就考虑了云环境的特点,具备弹性伸缩、多租户隔离、按需计费等云原生特性。这种架构上的契合使开源数据库在云环境中能够发挥出最佳性能，也进一步强化了云服务商在产业链中的地位。不可避免的是，独立开源数据库厂商或面临转型压力，未来或将持续面临来自云服务商的激烈竞争，部分企业有可能选择调整商业模式或寻求被收购。这种市场整合趋势可能会持续，同时也会催生新的商业模式创新，如专注于特定行业或场景的垂直化服务。

专业化分工与生态协同成为主流。开源数据库生态系统正在形成清晰的分工体系，核心开发团队专注于数据库引擎的研发，第三方服务商提供咨询、培训、定制开发等增值服务，工具开发者构建监控、备份、迁移等周边工具，形成了一个分工明确、协作紧密的生态系统。这种专业化分工提高了整个产业的效率和创新能力。生态系统的完善程度成为竞争关键，如 RedisLabs 专注于推进 Redis 生态发展，Couchbase 专注于混合 NoSQL 平台。这些企业通过与开发者社区的紧密合作，确保了持续的创新、安全更新和长期可持续发展。产业联盟和标准组织的作用将日益凸显，通过建立行业标准、推动互操作性、协调竞争关系等方式，这些组织在推动开源数据库产业健康发展方面将发挥重要作用。

（四）重点技术领域开源发展建议

一是夯实开源基础与战略规划。充分发挥开源基金会在资源牵引与整合等方面的枢纽作用。坚持"全球融入+自主开源"双轮驱动，厘清基于国外开源平台受到的制约边界，加大协同研究支持力度，开展开源部署试点，建立安全评估框架，补齐开源生态建设短板。

二是完善治理模式与评估机制。探索去中心化的协作治理模式，引入技术委员会、透明的提案及社区投票机制，赋予开发者更多话语权和决策权。针对人工智能等领域的开源项目，完善活跃评估体系，追踪项目应用活跃度、成果转化率及社区的贡献多样性，形成动态健康度看板。

三是促进跨领域协作并完善标准体系。当前，跨学科协作不足、技

五、重点技术领域开源发展态势

术标准缺失，不同开源项目之间的互操作性差、整合难度大。为了推动关键技术领域健康发展，应强化各主体间的协同创新，制定统一的技术标准与最佳实践指南，提升开源项目的兼容性与集成度。

四是加强国际合作与交流。主动融入国际开源社区，学习借鉴国际先进的技术和经验，提升开源项目的技术成熟度和市场竞争力。同时，加快推动我国重点技术领域的重点开源项目开展国际化进程，吸引全球开发者参与共建，在全球范围内扩大影响力并带动相关产业发展。

六、重点行业领域开源应用态势

（一）重点行业开源应用持续深入

开源全面渗透到金融、通信、能源等重点行业，已成为行业发展的重要基石。当前，开源软件在全球范围内各行业的应用已十分广泛，软件代码库中开源的比例持续保持在较高水平。据统计，在可扫描的代码范围内，在金融、通信、能源行业的代码库中，开源代码的平均占比高达 77%[1]（见图 6-1）。本章选取金融、通信、能源三个行业作为重点分析对象，原因在于这三个行业同时具备"数字化水平高、定制化需求大、生态牵引力强"的特征。这三个行业的开源实践既验证了开源支撑关键基础设施的可行性与价值，又为其他行业提供了可复制的技术路线和治理经验，具有显著的示范和放大效应。

重点行业开源应用规模正迅速扩大，已成为推动企业发展的重要动力源泉。开源模式集众智、采众长，高度契合数字时代技术迭代快、应用范围广的发展规律，能够高效解决单一主体创新成本过高的问题。随

---

[1] 新思科技，《2024 年开源安全与风险分析报告》。

六、重点行业领域开源应用态势

着国内企业数字化转型的不断深化，各行业对开源技术的需求持续增长，开源软件的应用数量也随之激增。特别是在金融、通信、能源、汽车、互联网、软件和信息服务业等行业的重点企业中，已有约 27% 的企业使用开源软件，且其版本总数超过 10 万个（见图 6-2）。

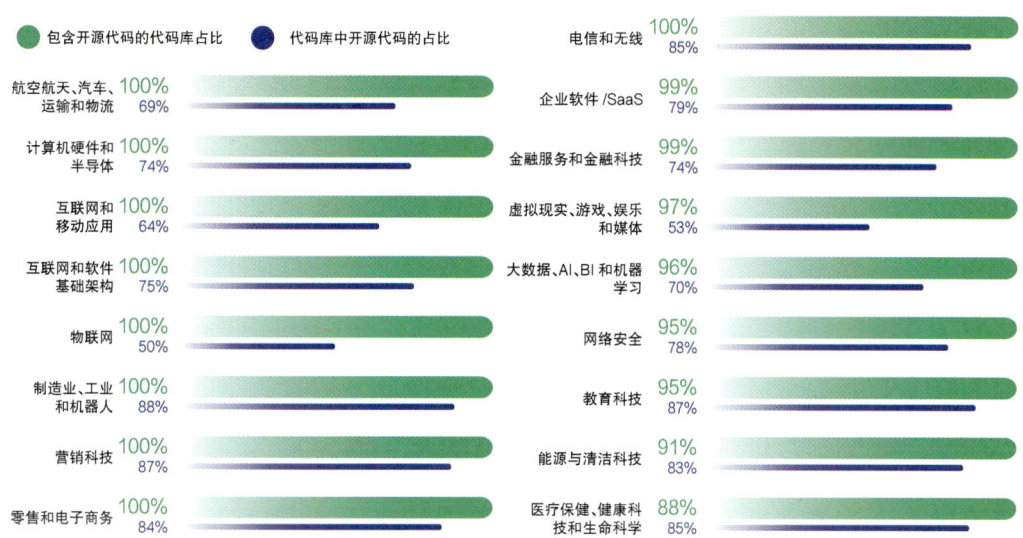

图 6-1　重点行业代码库中开源代码的占比

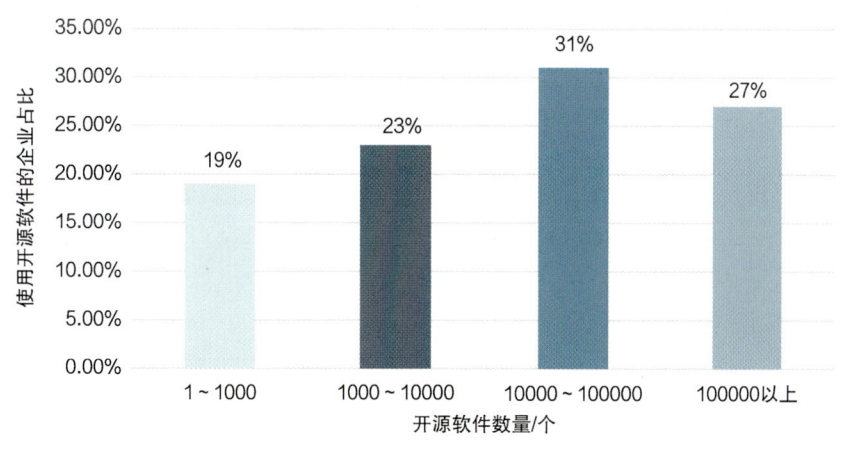

图 6-2　重点行业企业开源软件使用量级

开源开放加速数字化转型已成为行业共识，开源应用的深度与行业数字化程度呈正相关。一方面，企业通过开源开放充分集结全社会智力资源，与外部创新主体协同创新，搭建企业技术创新入口和交互平台，获得"数字化生存"的动态技术创新能力。另一方面，通过核心开源产品快速建立一个以开源技术为平台、参与者相互赋能的行业生态圈。企业通过开源产品，与上下游企业形成共享代码、协同开发、成本分摊的战略联盟，能够充分发挥各个企业的竞争优势与核心能力，增强企业之间的资源互补，有效地扩大行业业务范围，加速行业数字化转型。

（二）金融行业开源应用发展态势

1. 开源技术管理体系情况

金融机构积极构建开源技术治理体系。2021年10月，中国人民银行等五部门联合发布《关于规范金融业开源技术应用与发展的意见》（以下简称《意见》），旨在规范金融机构合理应用开源技术，提高应用水平和可控能力，推动开源技术健康可持续发展。金融机构积极响应《意见》要求，将开源技术应用与治理纳入顶层设计，制定详细的开源技术管理方案和实施细则，并普遍建立由科技部门牵头，法务、安全等多部门协同的开源技术治理组织，确保开源技术治理的专业性和准确性。据统计，当前金融机构开源技术治理团队的构成人员仍然以兼职为主，但也有近29%的金融机构开源技术治理组织中至少包含1名开源治理专职人员（见图6-3）。

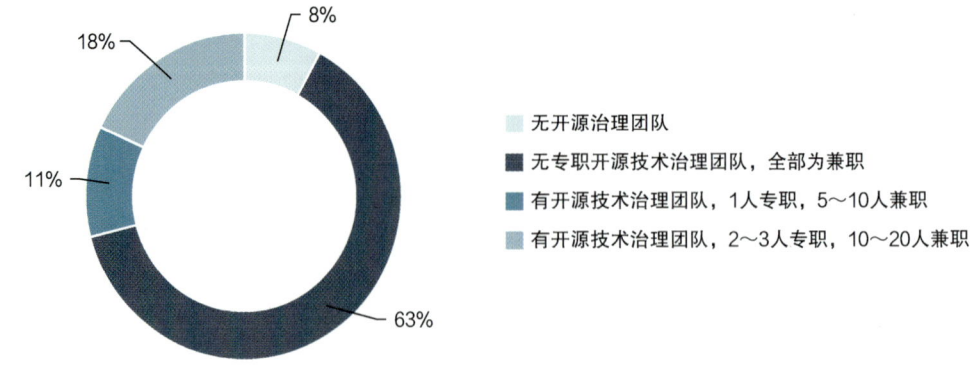

图 6-3　金融行业开源治理团队组成情况

六、重点行业领域开源应用态势

金融机构高度重视开源安全、合规等风险管控。目前，63%的金融机构已构建覆盖开源技术应用全生命周期的治理措施。在引入选型阶段，超六成的金融机构严格把控开源软件下载来源，要求开发人员仅能使用企业内部统一提供的开源软件。除产品的功能和性能等基础指标外，金融机构还高度重视开源风险指标，包括许可证的合规性、漏洞的安全性、供应链的可靠性、版权的合法性等，约94%的金融机构在选用开源软件时优先考虑开源许可协议的开源互惠义务。在应用阶段，在安全风险治理层面，金融机构广泛利用主流的公开漏洞平台、安全团队提交的漏洞报告、开源社区发布的公告及代码托管平台等多元化渠道，及时获取漏洞信息并实施整改措施。在合规风险治理层面，金融机构能够依据自身的实际需求，编制开源许可协议审核规范，定期开展合规审查工作。在退出阶段，金融机构普遍建立基于严重安全漏洞或重大许可协议风险的应急退出机制，包括停止使用受影响的开源软件及寻找替代方案等，以进一步加强开源风险管控。

金融机构积极探索多领域开源技术应用能力和保障措施。一方面，为促进金融创新的可持续发展，金融机构着力在操作系统、数据库等基础领域和云计算、大数据、人工智能等新兴领域开展研究攻关，并已基本具备独立运维能力。另一方面，金融机构普遍针对开源技术建立了应急处置预案，以确保在供应商停止服务等突发情况下能够快速切换到备用系统，从而保障金融业务的连续性。此外，部分金融机构开始探索软件物料清单（SBOM）的构建与应用，督促供应商开展安全合规审查和整改工作，以提升金融行业开源技术供应链的安全管理质量和水平。

2. 开源技术应用能力情况

金融机构在开源基础软件应用上高度重视稳定性和安全性，并兼顾成本效益。在操作系统领域，由于 Linux 等开源操作系统拥有成熟的技术架构和软硬件生态，并且在高性能计算与网络服务领域表现出色，因此金融行业的核心系统依然高度依赖基于 Linux 的服务器操作系统。而在数据库领域，开源数据库如 PostgreSQL、Redis 等则凭借成本优势，在满足金融机构海量数据存储与处理需求的同时，实现了成本的有效控制（见图 6-4）。尤其是面对数字化转型带来的高并发、海量数据等挑战，金融机构正积极开展创新适配个性定制，以确保金融业务的连续性和稳健运行。

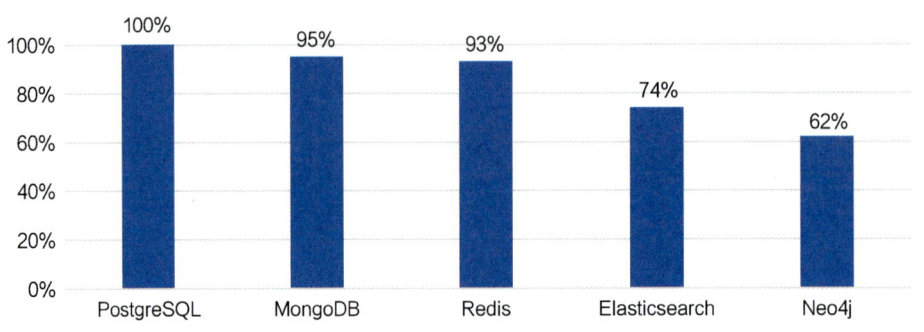

图 6-4　金融行业开源数据库技术使用情况

金融机构融合多领域新兴技术，为业务创新与优化注入强大动力。金融机构大力发展云计算技术，融合开源容器编排技术 Kubernetes，以实现金融应用的高效部署与管理（见图 6-5）。利用开源大数据处理框架（如 Hadoop、Spark 等）分析海量金融数据，并结合开源人工智能框架 TensorFlow、PyTorch 等进行金融风险预测与智能决策。融合区块链开源技术与隐私计算开源框架，在保障数据隐私安全的同时，实现了金融数据的可信共享与协同计算。上述多领域开源技术的融合应用不仅显著提升了金融业务处理效率，还有效降低了相关技术的应用门槛与成本，加速了金融业务的创新步伐。

3. 开源技术生态贡献情况

金融机构在自主对外开源方面表现保守，但新兴技术领域正逐渐成为其开源布局的方向。受到政策监管、技术规划等多重因素的影响，金融机构对外开源的意向很低，93%的金融机构尚未规划对外开源项目。

六、重点行业领域开源应用态势

在已开源的项目中,大数据、区块链和人工智能等新兴领域的开源技术受到高度重视,如浦发银行对外开源 Harrier 项目,支持各类异构数据计算平台的作业调度;微众银行对外开源 WeDataSphere 大数据平台、FISCO BCOS 开源区块链底层平台及 FATE 工业级联邦学习框架等,为金融领域的业务创新和优化注入强劲活力。

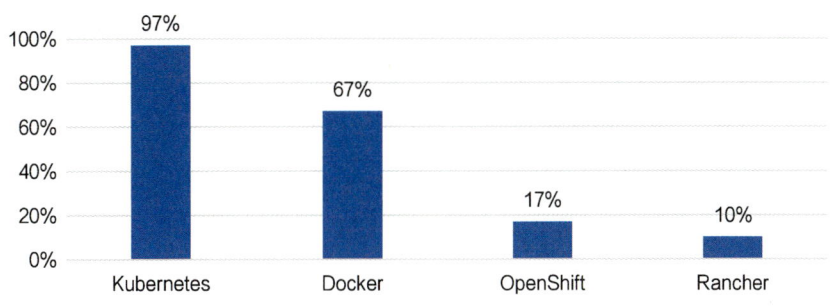

图 6-5　金融行业开源容器编排技术使用情况

金融机构技术共建共享模式更加多元。开源模式除独立对外开源项目外,还包括行业开源社区建设、内部开源、合作开源等形式。为平衡开源开放和商业秘密保护,以中国农业银行为代表的部分金融机构在企业内部建立了开源社区。目前,超过 58% 的金融机构计划通过内部开源的方式,促进内部技术团队共享代码、技术方案及创新理念,加速数智化转型。在合作开源方面,金融机构携手外部伙伴,基于共同目标联合开源项目,如工商银行与网易合作开源的云原生日志系统 Loggie。

(三)通信行业开源应用发展态势

1. 开源技术管理体系情况

通信行业已基本形成企业级统一开源技术管控体系,治理细节仍需进一步完善。目前,通信企业已深度使用开源技术,为降低开源技术应用风险,释放开源技术应用实效,超过 83% 的通信企业已建立统一的开源技术治理流程机制,并在内部构建了开源代码或制品仓库。同时,在开源技术治理团队建设方面，约 33%的通信企业存在一名或多名开源治理专职人员。然而，通信企业在开源风险防控方面还存在较大提升空间，超六成的通信企业在面对包含中高危漏洞的开源软件时采取禁止使用的应对策略，该策略灵活性较差，可能导致企业技术创新受限。此外，近一半的通信企业由使用方自行承担开源许可协议风险，缺乏开源合规专业辅导和支持。

通信运营商普遍采用"集团统一规划，省分公司协同响应"的开源治理措施。目前，以中国移动为代表的通信企业已普遍建立了集团级开源治理战略，并构建了开源技术管理协调组织，明确了开源技术全生命周期各环节的应用规则和管理要求。同时，集团公司通过搭建开源技术管理线上平台，构建了企业级知识库和基线组件清单库，以进一步规范全网开源软件的应用。借助数据汇聚和实时监控技术，集团公司能够及时掌握开发域和生产域开源软件的动态情况，从而确保全网整体治理的一致性和高效性。在此基础上，各省分公司严格按照集团总部制定的开源治理策略与规范进行统一行动，定期开展安全检测与漏洞加固工作，并根据集团的要求进行软件替换更新，以形成统一持续的治理机制。

云原生技术为通信企业的高效治理注入新活力。通信企业正积极探索将开源管控平台与 PaaS 平台、研发管理流程进行深度整合的路径，旨在实现对开源软件的全流程治理和安全左移。在研发初期阶段，通过 CI/CD 流水线，通信企业有机嵌入开源软件管控机制，精准落实安全左移策略。针对增量开源软件，企业进行严格管理和全方位安全扫描，涵盖安全合规、软件资产及生命周期管理、开源风险管控等多方面，进而实现统一选型和技术收敛。在开发与部署过程中，通信企业持续整合自动化安全测试、动态漏洞扫描、密钥管理等多元安全功能模块，促进开源管理流程与研发流程的无缝融合，实现开发态敏捷场景的安全开发和开源软件的合规运行。

六、重点行业领域开源应用态势

2. 开源技术应用能力情况

多元开源技术融合创新已成为通信行业开源技术应用的主流趋势。通信企业广泛整合各类开源技术，构建智能化、弹性化的通信网络架构及业务系统。例如，在 5G 网络建设场景下，以中国移动为代表的通信企业融合软件定义网络（SDN）、网络功能虚拟化（NFV）等开源技术，实现网络功能虚拟化、切片管理及资源灵活调配，提升网络服务质量与业务响应速度；在云计算平台构建过程中，各大通信公司积极融合开源容器编排、分布式存储、中间件与自动化运维技术，如 Redis、Ceph、Ansible、Puppet 等，提高平台资源利用率与运维效率，支撑海量数据处理与多样化业务承载（见图 6-6）。

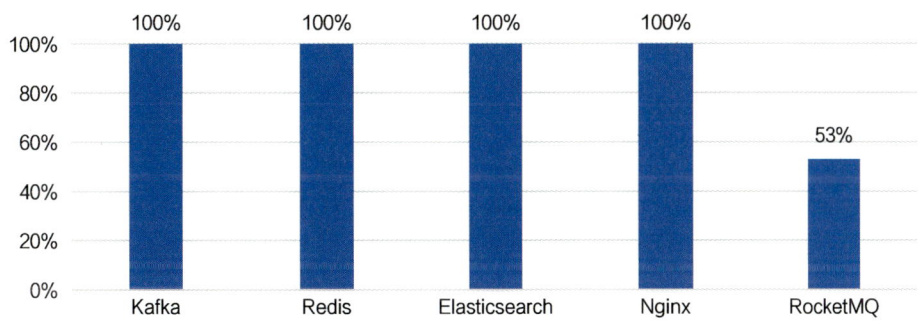

图 6-6　通信行业开源中间件技术使用情况

云原生开源技术正深度融入通信企业的数字化转型进程。前沿开源技术如 Kubernetes、Envoy 等，凭借其出色的架构设计与卓越的功能，在通信业务流程中得到了广泛而深入的应用，全面重塑了通信业务的架构与运营模式，成为推动业务云化、提升运营效率的关键力量。众多通信企业纷纷基于 Kubernetes 构建云平台，实现了微服务架构的高效部署、弹性伸缩与智能管理。这一转变不仅缩短了业务的上线周期，还显著降低了运维成本，并大幅提升了创新的灵活性。在云原生开源技术的赋能下，通信企业能够迅速响应市场的变化，优化资源的配置，并显著增强系统的可靠性。

3. 开源技术生态贡献情况

通信企业依托优质项目社区为行业的技术进步贡献着智慧与力量，自主对外开源项目占比达到 16%（见图 6-7）。近年来，通信领域的开源项目如 ONAP、TIP 等层出不穷，展现了通信企业在技术创新方面的积极态势。同时，通信企业的开源贡献还广泛涉及云原生、网络智能化、人工智能等新兴技术领域。在云原生领域，通信企业的对外开源项目涵盖了容器编排、微服务架构、分布式存储等多个方面，包括 XGVela、OpenRetriever 等一系列优秀项目。在技术攻克方面，OPNFV、O-RAN、OS-RAN、LFN 等开源社区和联盟组织发挥了重要作用，为通信企业提供了一个交流、合作与共享的平台，促进了通信技术的创新发展。

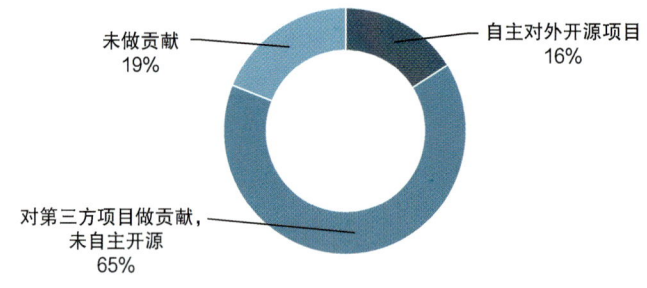

图 6-7 通信企业对外开源贡献情况

通信企业倾向于通过开源项目促进跨企业、跨领域的产业协同。一是通信企业主导或参与的开源项目在塑造行业标准方面发挥着关键作用。例如，众多通信巨头、设备制造商及科研机构携手合作，共同构建了 LFN 网络智能化开源项目。该项目明确界定了网络智能化功能模块接口规范、数据交互格式及性能评测指标等核心标准。通过开源模式，这些标准得到了广泛的传播与实践检验，逐渐成为行业内的通用准则。这不仅为通信网络智能化设备的互联互通、系统协同作业奠定了坚实的基础，还大幅降低了产业链各环节的技术适配成本与集成复杂度，从而提升了整个产业的效率与协同性。二是通信领域开源项目为产业链上下游企业搭建了合作的桥梁。上游的制造商和设备供应商通过参与 OneOS

六、重点行业领域开源应用态势

等开源项目，能够更深入地了解通信运营商和软件开发商的需求，进而精准地优化芯片性能、设备功能及驱动程序。下游的系统集成商和应用服务商则可以利用开源项目获取核心技术与基础平台，从而加速开发出适应市场需求的创新通信解决方案与增值服务。这种合作模式使产业链上下游企业之间的技术衔接更为紧密、产品适配更为精准、业务创新更为协同。

（四）能源电力行业开源应用发展态势

1. 开源技术管理体系情况

能源电力行业正致力于构建全面的软件供应链风险评估体系，并强化供应商管理评估能力。在能源电力行业，软件应用开发通常采用混合模式，即企业内部团队负责软件的功能规划、设计和项目管理，而架构设计、编码和敏捷测试等具体技术任务则外包给专业服务商。在混合式开发模式下，由于软件开发商的开发过程缺乏有效的技术量化，交付制品也缺少安全评价，因此能源企业通过外包方式采购的软件产品难免存在风险隐患。为应对这一挑战，能源电力行业企业将软件开发过程风险评估与供应链安全风险管控技术相结合。一是构建软件物料清单评估机制，提升供应商软件资产透明度。软件物料清单等相关技术能够实现软件系统内部信息的可视化展现，帮助能源企业直观地了解开源组件、开源许可证、技术依赖、漏洞风险、供应商等供应链信息。同时，该机制还有利于形成不同场景下的供应链条件检索分析视图，可显著提升开源漏洞、许可证、技术可靠性等风险的检测评估能力。二是提升上线前的开源软件威胁检测能力。在系统上线之前，企业部署深度检测工具，通过软件成分检测、灰盒插桩测试等技术手段，并结合丰富的风险知识库，精准定位组件风险版本和应用代码细节。这一措施提升了开源风险的检出效果和修复效率，确保在应用部署前对所有开源软件进行全面的安全审查，从而消除潜在风险，为系统的安全上线提供坚实的保障。

2. 开源技术应用能力情况

人工智能开源技术在能源电力管理领域应用越发深入，助力实现智能化转型。随着全球能源转型的加速，构建新型电力系统和新型能源体系已成为推动可持续发展的关键举措。在此背景下，人工智能开源技术的融合创新已成为能源电力行业的主流趋势。在智能决策方面，电力企业积极采纳伏羲等开源大模型，对网格点的辐照度、风向、风速等关键参数进行精确预报，从而有效预测分布式光伏功率。此外，通过运用开源气象大模型，能源企业还实现了秒级气象推理，显著提升了光伏预测的实时性。在数字化模型转型方面，能源企业采用飞桨 Paddle 等深度学习框架，成功构建了二次系统数字化模型，为自动识别存量变电站二次系统图纸提供了有力支持，进一步提升了能源电力管理的智能化水平。

能源电力企业采用开源数据库技术加快企业数据转型进程。在工业互联网领域，时序数据的存储与处理历来是一项重大挑战。以单一电厂为例，其配备的传感器数量通常达到数万至数十万个，每个传感器每日产生的数据量高达数万条。长期以来，数据存储压力大、吞吐量受限一直是制约数据应用的重要因素。为应对这一挑战，部分能源电力企业采用了基于 Apache NIFI、ClickHouse 等开源技术的工业互联网时序数据采集存储方案。该方案成功覆盖了火电、水电、风电、煤炭、化工等多个业务板块的数据采集，并有效整合了原有的数据生产业务系统。据统计，开源技术的应用使数据存储占用率降低了至少 50%，极大地缓解了数据存储压力，为能源电力企业的数据转型与智能化发展奠定了坚实的基础。

3. 开源技术生态贡献情况

能源电力企业开始积极参与优质项目开源贡献与社区共建活动。中国南方电网作为中央管理的国有重要骨干企业，于 2024 年正式成为

六、重点行业领域开源应用态势

OpenAtom OpenHarmony 项目群的 A 类捐赠人。此举不仅彰显了能源电力类企业对开源项目共建工作的高度重视，也标志着国产开源项目在推动能源数字化转型及物联网生态建设方面取得了重要进展。此外，为提升电力行业开源应用水平，促进开源生态建设，中国电力发展促进会与中国信息通信研究院携手合作，共同开展了电力行业企业开源典型实践案例的征集活动。该活动挖掘并推广了一批技术水平高、代表性强，具有示范意义、创新性和可推广性的开源实践案例，为电力行业企业在开源工作方面提供了有益的参考与借鉴。

头部电力行业企业正加速推进电力操作系统开源生态建设，构筑未来能源生态的数字化底座。南方电网发布的电鸿物联操作系统基于开源鸿蒙和开源欧拉系统研发，填补了电力行业在统一物联网操作系统领域的空白。该系统首次实现了对不同类型、不同品牌电力设备的全面适配，并具备设备即插即用、海量数据互联互通的能力。目前，中国南方电网已与海思、全志、瑞芯微等国内知名芯片及模组供应商建立了深度合作，已完成 60 款芯片、12 款模组和 54 类电网设备的"电鸿化"适配，吸引了 350 家伙伴加入电鸿物联产业链生态，已有超过 800 款终端开展了适配工作。基于电鸿物联操作系统，中国南方电网打造了广州南沙、珠海横琴、深圳前海等多个全域综合示范区，充分运用电鸿物联操作系统的即插即用、灵活组网、端端互联、云边协同等技术优势，推动中央平台的智慧化和边缘终端的智能化，全面助力电力行业的数字化转型和高质量发展。

（五）重点行业领域开源应用发展建议

行业开源生态建设的各协同主体应着重从各自的优势出发，形成政府规范引导、企业守正创新、社会服务支撑的多元共治、开放包容的创新体系，实现开源福祉普惠可持续、开源风险可控可干预。

在此体系中，重点行业企业作为开源生态建设的重要主体，其建设活动通常涉及开源技术应用、参与贡献开源和自主对外开源三个阶段。为保障应用的高效性和贡献的可持续性，企业应在每个动作阶段明确开源发展目标和建设途径。

在开源技术应用阶段，为有效规避与开源软件相关的风险，企业应着手构建一套完善的开源治理框架，明确企业机构在组织机制、制度流程及工具平台等方面应遵循的准则，以确保企业能够安全、高效地应用开源技术（见图6-8）。首先，企业需加强内部体系建设，打造统一的开源治理体系。这包括组建专业的开源治理专家组，汇聚法律、安全、技术等多领域的专家，为员工提供全面、专业的开源技术应用指导和支持。其次，企业应建立健全开源全生命周期流程制度。该制度需清晰界定开源技术应用全生命周期各环节的实施规则与管理要点，以帮助企业更好地管理开源技术的应用，降低潜在风险。最后，企业需要借助自动化的工具和平台来实时跟踪、处理相关风险，并进行开源管理流程性工作的自动化操作，从而提高开源技术治理的整体工作效率。

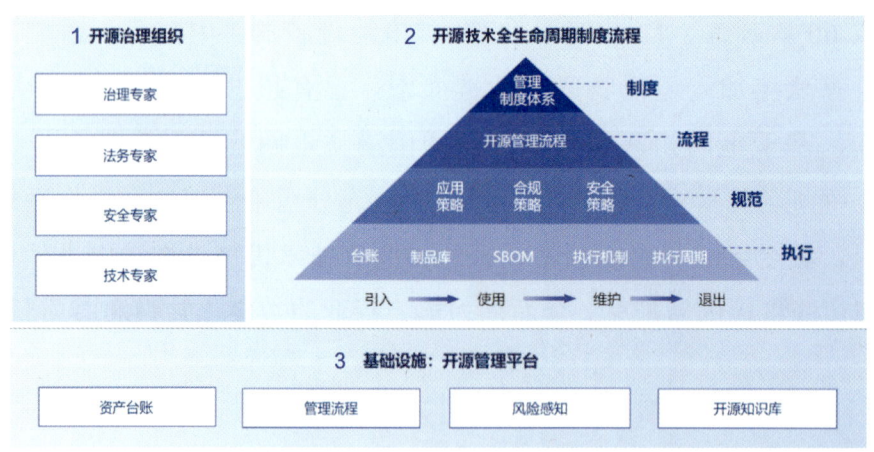

图6-8 企业开源技术应用阶段体系框架

在参与贡献开源阶段，企业应积极构建科学合理的开源贡献激励机制，对员工开源贡献参与情况进行常态化评估和量化，从而增强员工参与贡献开源生态的认同感，激发员工贡献积极性和创造力。为进一步完善开源人才评价与激励机制，企业应探索基于开源贡献的人才评价体系，建立完善的开源人才专家库，对于符合相关标准的开源人才给予荣誉激励，同时加强对外交流与合作，提升企业在开源社区中的影响力和话语权。此外，加强开源文化宣传也是企业参与贡献开源生态的重要一环。企业可以通过举办或参与开源大赛、开源黑客马拉松等多种活动推广开源文化，营造良好的开源氛围，提升员工对开源的认知度和参与度，增强员工的创新思维和实践能力。

在自主对外开源阶段，企业应积极致力于领先开源项目的培育与发展。软件企业需紧密结合自身产业场景优势，精准布局开源项目，特别是在人工智能等新兴技术领域，要依托开源项目实现关键技术的突破与创新。同时，行业企业应不断拓展开源的广度与深度，逐步探索并建立开放、协同的供应链体系，以推动形成具有行业特色的明星开源项目。为统筹关键领域的开源发展，企业可充分借助开源基金会的资源与网络优势，广泛吸引企业和开发者参与，构建开放协作的创新生态，提升技术创新与商业转化效率。在国际化方面，企业应主动"走出去"，深入融入国际开源组织，积极吸引全球资源参与行业开源生态建设。同时，企业还应通过与开源基金会、开源科研机构等国际开源组织建立跨国合作关系，实现资源与技术的共享和交流。

七、开源安全发展态势

在政策和市场的双重推动下,我国大部分行业正稳步推进开源治理工作,安全防范成为治理工作的重中之重。在漏洞识别方面,约 96%的被调研企业在引入开源软件后,会持续跟踪开源漏洞信息,并及时采取措施以降低安全风险。同时,从企业开源治理能力成熟度水位线图(见图 7-1)来看,被调研企业整体在"管理制度"、"开发测试"、"软件测评"等方面表现较好,这表明各行业企业已初步构建了针对开源软件开发与测试的管理流程,并能有效管控内部人员对开源软件的使用。

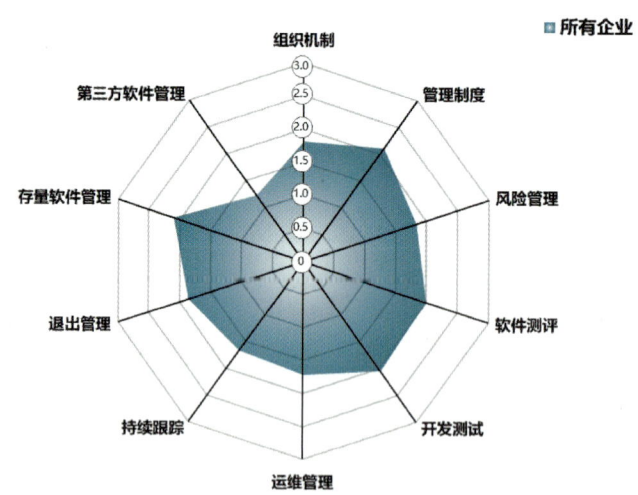

图 7-1　企业开源治理能力成熟度水位线图

七、开源安全发展态势

从行业整体来看，企业在开源软件治理方面仍存在明显的短板，对开源技术的评估与应用缺乏必要的规范性和持续性。一是企业普遍缺乏战略性开源治理规划，内部存量软件管控力度薄弱。调研显示，超过 60% 的被调研企业没有明确的开源软件治理规划或治理目标，也未建立企业级流程制度；超过 70% 的企业仅在新增安全事件、生态变化等外部因素触发时针对存量开源软件进行非周期性检查，导致安全漏洞长期存在。二是开源软件评估模式尚待完善，治理颗粒度仍需细化。超过 53% 的被调研企业未将企业级开源软件引入评估模型；超过 60% 的企业仅对大版本进行管控，对小版本则简化流程，且主要关注安全漏洞情况。三是开源合规管理能力相对薄弱，第三方软件管理有待规范。超过 60% 的被调研企业允许引入强传染性 AGPL、GPL 类许可证，却未建立严格的开源合规管理流程；超过 80% 的企业仅依靠合同义务约束软件供应商，缺乏对第三方软件中专有代码与开源代码交互方式的深入审查，虽然部分责任可通过合同转嫁，但实际检查不足仍为企业运营埋下巨大隐患。

（一）开源漏洞发展概述

1. 开源漏洞发展现状及趋势

软件漏洞具有普遍性，无论是开源系统还是闭源系统都难免存在安全缺陷，其开发模式本身并非决定安全性的关键因素，开源软件中的漏洞并不比闭源软件多。两者的主要区别在于漏洞的可见度和响应机制：开源软件因源码公开，能被社区和安全专家广泛审计，漏洞通常更早被发现并修复；闭源软件则通过私有代码减少直接暴露面，由厂商内部集中管理安全控制，能在一定程度上阻隔外部攻击，但外部几乎无法独立验证其安全性，用户只能被动依赖厂商及时修补。由此可见，决定软件安全性的核心是完善的安全开发流程和迅捷的漏洞响应与补丁发布机制，而非源代码的公开程度。

开源软件的漏洞问题日益严峻，整体安全风险仍在持续。通过分析利用开源漏洞对典型软件产品实施攻击的状况、软件开发中所使用开源软件的已知漏洞状况、主流开源软件项目未知漏洞扫描状况，以及关键基础开源软件的依赖关系、漏洞公开等状况，总结出了开源漏洞的发展趋势。

（1）因未修复开源漏洞导致的网络安全攻击风险普遍存在

近年来，因开源软件漏洞引发的重大网络安全事件层出不穷，Log4Shell 等漏洞已成为业界耳熟能详的典型攻击案例。通过对国内外数十款最新版主流软件产品的分析，发现由于开源软件漏洞未能及时修复而给已上线产品带来的安全攻击隐患普遍存在。这些主流软件产品普遍使用了开源组件，且组件的部分历史漏洞没有被修复，其中不乏超高危漏洞。经过进一步验证，这些漏洞使攻击者可以攻破软件产品的安全防线，进而给产品所在系统带来巨大的风险和隐患。表 7-1 列举了其中 10 组较为典型的软件产品及其引入安全漏洞相应的攻击效果。实际上，能够利用开源漏洞对已上线产品实施攻击的"果"，是研发阶段未对包含的开源软件进行足够安全评估和修复的"因"种下的。开源软件中的历史"老漏洞"也可以起到"0day 漏洞"的攻击效果。

表 7-1　较为典型的 10 组软件产品及其引入安全漏洞的攻击效果

	被分析软件产品	产品应用状况	产品使用的风险开源组件	引入的安全漏洞	已验证可导致的安全攻击
国产软件产品	三款国产操作系统	应用广泛	Polkit v0.105	CVE-2021-4034（高危）	本地提权攻击
	某国产数据库	规模化应用于金融、电信、能源、政企等行业	MySQL JDBC v8.0.27	CVE-2021-2471（中危）	服务器端请求伪造攻击等
	某国产 OA 系统	服务于政府、金融、医疗、建筑等领域的数万名客户	Spring Framework v3.2.0.RELEASE	CVE-2018-1270（超危）	远程代码执行攻击

七、开源安全发展态势

续表

被分析软件产品		产品应用状况	产品使用的风险开源组件	引入的安全漏洞	已验证可导致的安全攻击
国产软件产品	某国产邮件管理系统	用户数量达数亿级	Apache Tomcat v9.0.27	CVE-2020-1938（高危）	webapps 目录任意文件读取
	某国产 CMS 系统	在国内多家行政部门、科研院所、企业、银行机构使用	Apache Shiro v1.4.0	CVE-2020-1957（高危）	任意文件上传攻击
国外软件产品	Ubuntu 等多款主流操作系统	应用广泛	MiniDLNA v1.3.2	CVE-2023-33476（超危）	任意代码执行攻击
	某主流网络接入存储设备	具有全球领先的市场占有率	Netatalk v3.1.8	CVE-2021-31439（高危）	任意代码执行攻击
	某 Top 厂商主流千兆 VPN 路由器	广泛应用于各类企业中	lldpd v0.6.0	CVE-2015-8011（超危）	拒绝服务等攻击
	Chrome 浏览器	应用广泛	SQLite v3.25.2	CVE-2018-20346（高危）	远程代码执行攻击
	VMware 工作站	应用广泛	ISC DHCP 2	CVE-2020-3947（高危）	虚拟机穿透攻击等

（2）研发中由使用开源软件带来的已知漏洞风险处于高位

近年来，人们对企业研发的 10305 个软件项目中使用开源软件并由此引入已知开源漏洞［具备 CVE（常见漏洞和公开漏洞）编号］的情况进行了全面检测和分析。结果显示，这些项目均使用了开源软件，共检出约 83.6 万个已知开源软件漏洞。2022—2024 年每个软件项目含有已知开源漏洞数量的平均值对比如图 7-2 所示，呈现波动起伏的发展态势，项目中最多存在 1929 个已知开源软件漏洞。

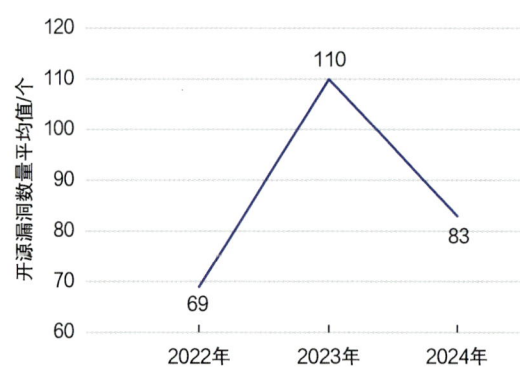

图 7-2　2022—2024 年每个软件项目含有已知开源漏洞数量的平均值对比

进一步分析表明，2022—2024 年被检测项目中已知开源软件漏洞、已知高危开源软件漏洞、已知超危开源软件漏洞、容易利用的已知开源软件漏洞的检出率（含此类漏洞的软件项目数占项目总数的比例）均处于高位（见图 7-3）。此外，每年都会检出 20 多年前的开源软件漏洞仍然存在于多个软件项目中的情况。

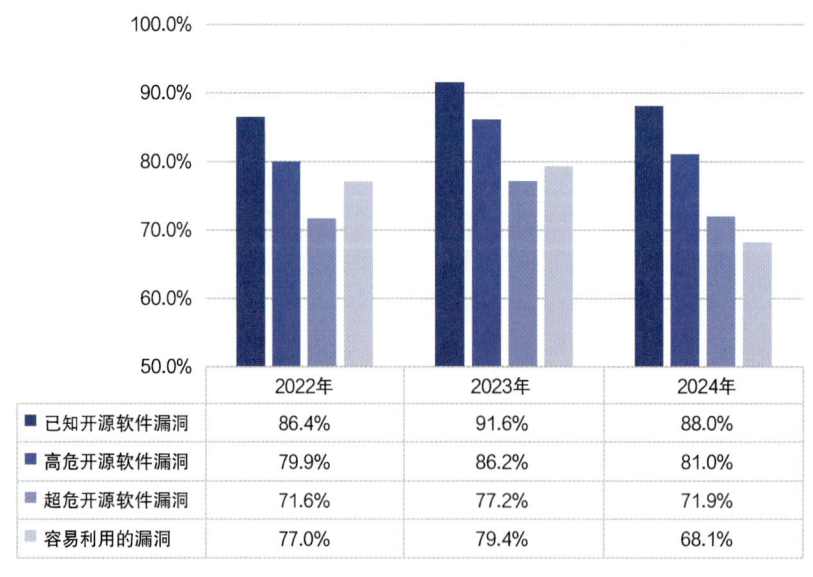

图 7-3　2022—2024 年各类已知开源软件漏洞的检出率对比

（3）主流开源软件的未知漏洞风险持续增长

近年来，人们针对 7490 款主流开源软件进行了源代码漏洞检测，

七、开源安全发展态势

共涉及 10 余种编程语言，累计扫描代码行数超过 7.7 亿行。结果显示，2022—2024 年主流开源软件中的高危未知漏洞密度（个/千行）呈现出波动的变化特征，且均处于高位状态。而未知漏洞密度（个/千行）在 2022—2023 年持续增长，在 2024 年出现了下降趋势（见图 7-4）。

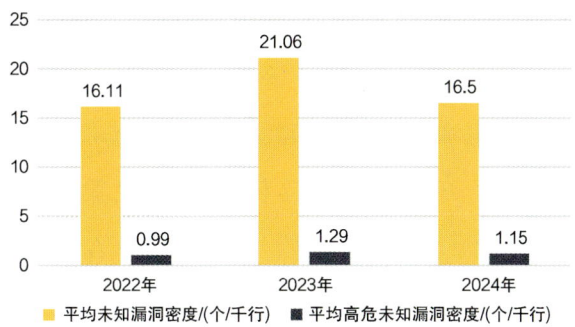

图 7-4　2022—2024 年主流开源软件平均未知漏洞密度对比

分析发现，输入验证、路径遍历、资源管理、密码管理、注入、API 误用、null 引用、日志伪造、跨站脚本、配置管理十类危害性较大的未知安全漏洞的总体检出率呈上升趋势，2022 年的检出率为 73.5%，2023 年的检出率为 72.3%，2024 年的检出率为 76.7%。2022—2024 年主流开源软件典型未知漏洞的检出率对比如图 7-5 所示。

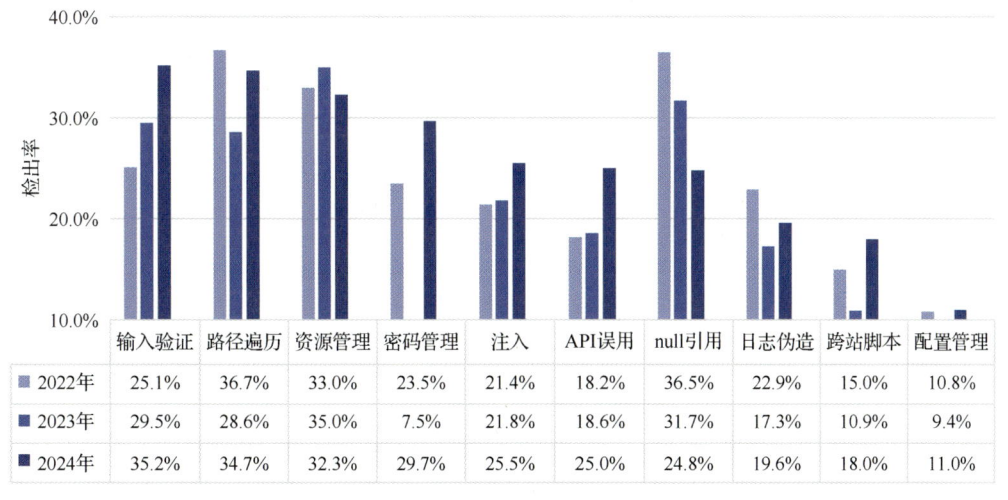

图 7-5　2022—2024 年主流开源软件典型未知漏洞的检出率对比

（4）因开源软件之间依赖关系引发的漏洞危害放大效应明显

开源软件之间普遍存在依赖关系，在增强功能复用的同时也带来了安全问题的传递。一般而言，开源软件出现漏洞后造成的放大效应越大、影响范围越广，表明该软件在整个生态中占据更为关键的位置，被视为关键基础开源软件[①]，其安全性应受到更多关注。通过对 Maven、NPM、Nuget、Pypi、Packagist、Rubygems 等 16 个主流开源生态系统进行统计分析，2024 年共识别出 1709 款关键基础开源软件，较 2023 年上涨了 36.3%。其中，JUnit 以 99764 个直接依赖数排名第一；直接依赖数超过 20000 个的关键基础开源软件共有 39 款；著名的 Apache Log4j 直接依赖数为 7919 个，排名第 139。也就是说，排名靠前的这些关键基础开源软件一旦曝出严重漏洞，其影响都可能会超过 Log4Shell。

进一步分析发现，有较大比例的关键基础开源软件从未公开披露过漏洞，且该比例呈现出逐年增长的趋势（见图 7-6）。这给软件的使用和运维带来了较大的安全风险。造成这种现象的原因主要有两方面：一是有的关键基础开源软件，特别是某些开源社区中的软件，漏洞虽然已被修复，但没有被记录和公开；二是相关维护和安全研究等人员对一些关键基础开源软件安全性的关注度不足，对漏洞挖掘的研究还存在不足之处。

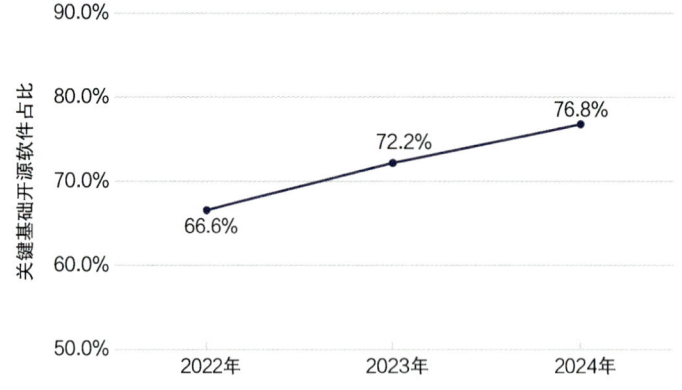

图 7-6　2022—2024 年从未公开披露过漏洞的关键基础开源软件占比对比

---

① 被多于 1000 个其他开源软件直接依赖的一类开源软件。

七、开源安全发展态势

（5）开源软件的运维安全风险值得关注

开源软件若更新发布频率过高，会增加使用者的运维成本和安全风险；而不活跃的开源软件一旦出现安全漏洞，由于难以得到及时的修复，同样会带来潜在的运维风险。通过统计 16 个主流开源生态系统中开源软件版本的更新情况发现，近年来，不活跃开源软件项目①的占比处于高位（见图 7-7），更新频繁的开源软件项目②数量也呈现出明显的上升趋势（见图 7-8）。此外，许多软件项目中仍然在使用老旧的开源软件版本，有的版本已经超过 20 年甚至 30 年。例如，1993 年 3 月 3 日发布的 byacc 1.9 在 2024 年检测的某软件项目中仍然在使用，存在极大的运维风险。

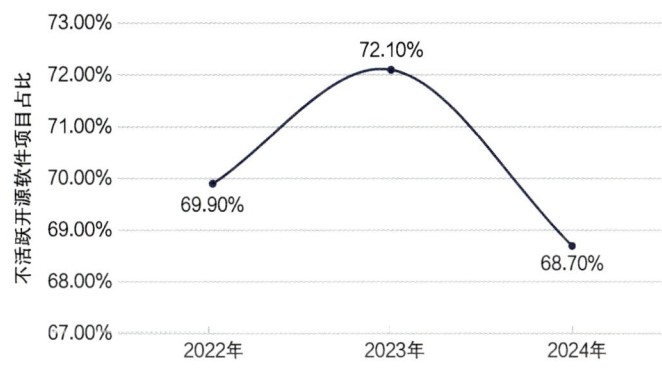

图 7-7　16 个主流开源生态系统中不活跃开源软件项目占比

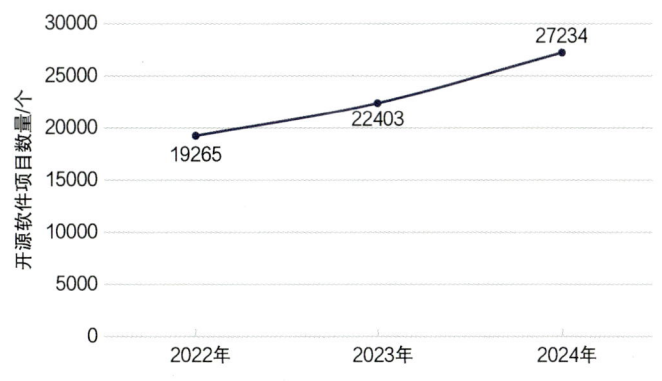

图 7-8　16 个主流开源生态系统中更新频繁的开源软件项目数量

---

① 超过一年未更新发布版本的开源软件项目。

② 一年内更新发布 100 个以上版本的开源软件项目。

2. 开源漏洞治理工具与技术方案

（1）开源项目的漏洞处置

开放原子开源基金会于 2023 年 12 月正式发布《开放原子开源基金会安全漏洞处理制度》，明确在基金会下各开源项目的开源漏洞处理流程。该流程将漏洞处置分为漏洞上报、验证评估、漏洞修复、信息披露几个阶段。基金会已经搭建开源漏洞信息共享平台（OSSVD.CN），项目也成立了对应的项目安全响应组，项目安全响应组和开源漏洞信息共享平台在不同的阶段相互配合，共同完成漏洞的全生命周期管理。

（2）开源漏洞治理工具

开源软件的风险主要包括安全漏洞、许可协议风险等，使用时若不能及时发现和处置，可能会使相应的机构面临巨大的安全、合规或法律风险。同时，这些风险数量较大、技术原理复杂，仅依靠人工分析无法达到高效、准确的效果。因此，通常需要借助开源软件风险分析辅助工具进行分析，此类工具的主要原理如图 7-9 所示。

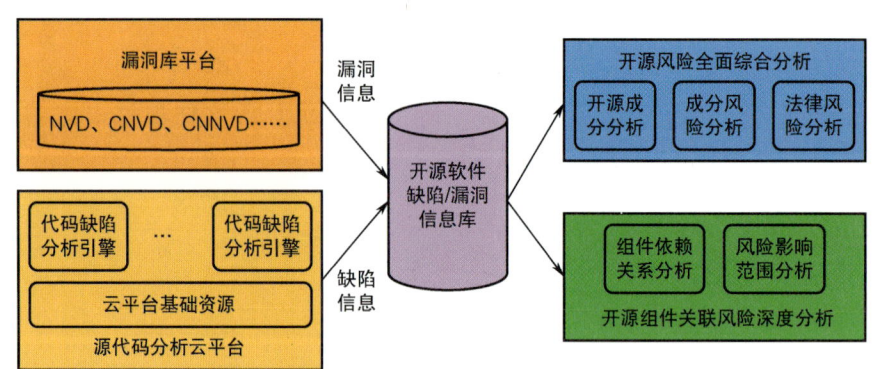

图 7-9　开源软件风险分析辅助工具原理

首先，工具具备针对开源软件源代码的安全缺陷/漏洞静态分析功能，能够较为全面地发现其中的安全漏洞等隐患点，并收集漏洞信息，可检测代码注入、跨站脚本、API 误用、输入验证等典型类型的安全缺陷/漏洞。

其次，工具具备开源软件风险综合分析功能，可针对机构使用的第三方软件或自主开发的软件，自动识别其中的开源成分，包括具体组件和版本信息等，帮助梳理机构软件资产状况；对相应的历史安全漏洞等风险信息进行关联定位；分析开源软件使用的许可协议可能引入的法律风险，包括许可协议的合规分析和冲突分析等。

此外，开源软件之间的依赖关系普遍存在，开源软件的安全问题在影响其自身运行的同时，也可能会给依赖它的组件带来风险。因此，工具需具备开源软件依赖关系分析功能，可生成开源组件依赖关系图谱，以跟踪开源软件漏洞可能的影响范围，更加全面深入地反映开源软件的安全威胁和影响。

（3）软件成分分析工具

开源漏洞治理工具原理中提到的功能，实际落地时通常以软件成分分析（Software Composition Analysis，SCA）工具的形式来实现。软件成分分析是以软件风险治理为目标，跨语言、文件范式对应用软件的组成结构进行成分检查和分析的技术。它通过软件文件的包含信息和特征识别其采用的开发框架、组件/库、模块等成分，对软件制品或交付件进行风险分析、跟踪和溯源管理，帮助用户在软件供应链过程中实现安全漏洞修复、开源风险控制、法律风险规避等软件风险管理活动[①]。软件成分分析中的关键技术如图 7-10 所示。

SCA 工具主要针对开源等第三方软件，可应用于软件供应链风险管理、开发流程的安全风险管理、软件成分合规审查、网络产品安全漏洞管理等方面。SCA 工具核心功能说明如图 7-11 所示。

---

① 安全牛，《2023 软件成分分析（SCA）技术应用指南》。

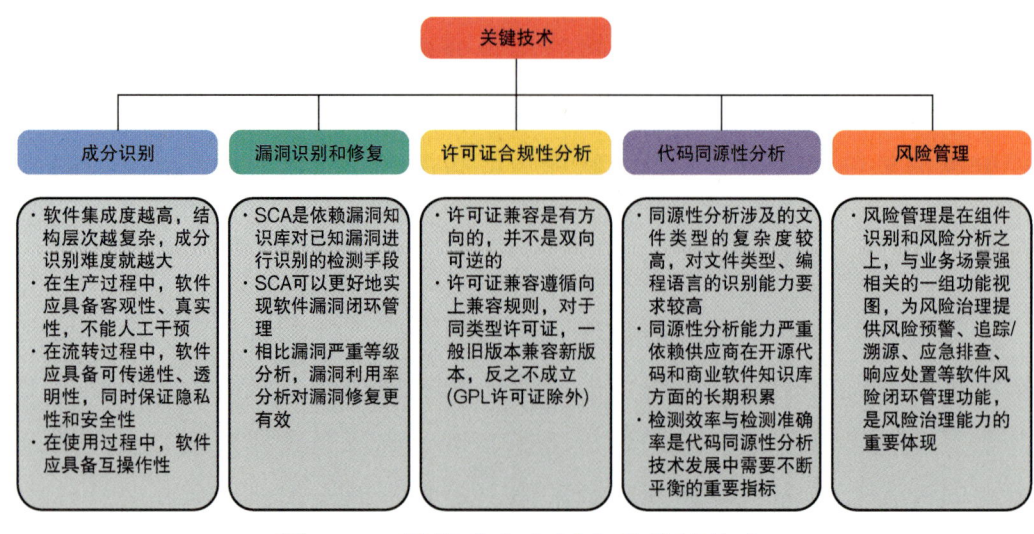

图 7-10　软件成分分析中的关键技术

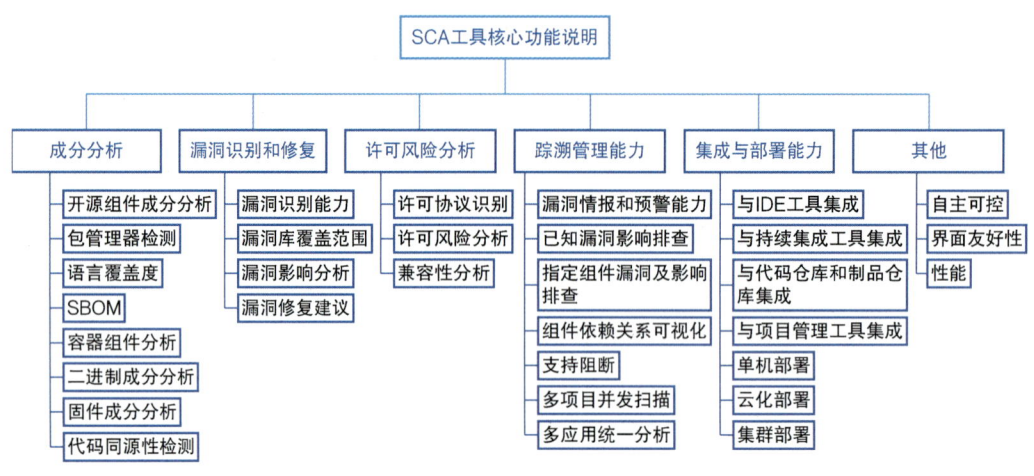

图 7-11　SCA 工具核心功能说明

（二）开源 SBOM 发展态势

开源软件与软件物料清单（SBOM）关系密切且互补。随着开源技术在各行业的大规模渗透，其组件嵌套结构日趋复杂，漏洞可能通过间接依赖传播（如 Log4j 漏洞）。SBOM 作为软件成分清单，能够系统记录所有组件及其依赖关系，帮助开发者和管理者快速识别风险源，实现漏洞追踪与修复。例如，SBOM 通过明确组件的许可信息、版本历史和漏洞状态，不仅支持合规性管理，还为开源生态的透明度提供了技术基础。当前，SBOM 已成为软件供应链安全的核心工具，其发展呈现出标准化、工具化与全流程整合的趋势，未来将深度融入开源生态治理体系，成为保障数字基础设施安全的基石。

1. SBOM 政策体系初步建立

我国开源软件应用规模不断扩大，但供应链漏洞事件年增长率达 47%，倒逼政策体系加速完善与 SBOM 治理深度结合。2016 年发布的《国家网络空间安全战略》要求重视软件安全，加快安全可信产品的推广应用，对包括软件供应链安全在内的软件安全保障工作做出部署。《网络安全产业高质量发展三年行动计划（2021—2023 年）（征求意见稿）》提出加快发展源代码分析、组件成分分析等软件供应链安全工具，提升网络安全产品安全开发水平。2021 年《"十四五"软件和信息技术服务业发展规划》首次将"保障开源代码组件供给安全"写入国家战略，为 SBOM 的应用奠定基础。2024 年 9 月，工业和信息化部明确提出我国开源生态体系建设要有序推进软件物料清单管理制度建设。但现有政策多散见于综合性文件中，缺乏类似美国第 14028 号行政命令的 SBOM 专项法规，尚未形成"强制生成—共享—审计"的完整制度闭环。

相较于美国通过联邦采购规则强制要求供应商提供 SBOM，我国尚无专门针对 SBOM 的相关落地政策和强制要求。例如，美国 FDA 已要求医疗设备厂商提供 SBOM 用于安全审查，而我国医疗领域尚未建立类似强制规范。这种差距会导致两方面的后果：一是企业缺乏主动生成 SBOM 的合规压力；二是跨行业 SBOM 数据难以互通，制约供应链风险联防联控机制的建立。除此之外，出台的政策与实践需求之间存在断层。当前政策侧重框架搭建，但缺乏配套细则：一是责任主体不明确，未规定软件开发商、集成商、采购方在 SBOM 生命周期中的具体权责，导致漏洞修复责任推诿;二是激励措施缺位,缺乏对中小企业 SBOM 工具采购补贴、税收优惠等扶持政策,影响技术下沉。

2. SBOM 标准化工作处于起步阶段

目前,我国大多沿用国外的标准体系和格式规范,缺少自主统一的软件标识体系及 SBOM 格式、生成和实践应用等方面的标准与指南,尚不能完全满足国内需求,目前仅有 1 个 SBOM 相关国家标准和 1 个软件供应链安全相关国家标准正式发布,1 个 SBOM 行业标准和 1 个 SBOM 团体标准公开征求意见。已发布的国家标准为:中国信息安全测评中心牵头制定的《信息安全技术软件供应链安全要求》,其将对软件供应链所涉及的相关方应满足的安全要求进行规范,并提出软件构成图谱相关概念;水利部信息中心牵头制定的《网络安全技术软件物料清单数据格式》,规定了一种通用的软件物料清单数据交换格式。行业标准方面,由中国电子技术标准化研究院牵头研制的《信息技术软件物料清单数据格式规范》行业标准已获批立项。团体标准有中国电子质量管理协会发布、国家工业信息安全发展研究中心牵头研制的《软件物料清单构成和要求》,重庆市首席信息官(CIO)协会发布的《软件供应链安全技术检测规范》,其提供技术检测流程性规范与检测要素指导,重点定义并推荐采用自动化工具静态检测方式。

国内外标准兼容互认难度大。我国 SBOM 标准互认问题主要表现为自主标准与国际主流框架的结构性差异和行业应用碎片化:国内发布的标准虽大多数兼容 SPDX、CycloneDX 等国际标准,但在字段定义上存在关键分歧,如 DSDX 引入的供应链流转信息(包括组件来源置信度、运行时的环境数据)未与国际标准对齐,导致跨国企业跨境交付时出现组件依赖路径解析失败;同时,国内工具链生态存在技术割裂,开源网安等平台对 DSDX 与 SPDX 的转换准确率仅为 68%。目前国家工业信息安全发展中心依托国家专项建立了 SBOM 平台,旨在实现国内外主流标

七、开源安全发展态势

准的相互转化。

3. SBOM 配套工具与能力逐步建设

目前，国内 SBOM 软件工具产品在组件分析溯源、自研代码缺陷检测、安全漏洞扫描、许可证合规检测等开源安全相关工具方面还比较初级，存在知识库数据少、结果误报率高、工具链集成性差等问题。对 SBOM 文件进行验证的工具还比较初级，并且都与特定的 SBOM 格式绑定，大多仅能够对格式的正确性和完整性进行检查，而不能检查填充 SBOM 字段的数据质量或准确性。

为解决 SBOM 配套工具与公共服务能力问题，由国家工业信息安全发展研究中心依托国家专项牵头建设国家级 SBOM 公共服务平台。该平台以服务开源社区为核心，覆盖金融、电信、能源等重点行业，具备软件物料清单管理和软件供应链监测能力，具备针对可控开源社区软件物料清单服务能力，为开源社区等组织提供更好的软件资产管理、漏洞感知、链路追溯、供应链透明、合规管理、风险预警服务，同时及时掌握产业发展动态及安全威胁，为政府部门提供决策支撑，有效保障开源供应链安全，支撑软件产业高质量发展。

4. 行业企业积极探索 SBOM 应用实践

近年来，国内科技企业、安全厂商等积极探索软件物料清单实践，开发配套生成工具，已形成一定的落地实践能力。

金融行业是 SBOM 应用最成熟的领域之一。中国建设银行、中国招商银行、平安科技等机构已将 SBOM 嵌入核心系统全生命周期，实现开源组件动态追踪与漏洞响应效率提升 40% 以上。中国建设银行为确保软件产品全生命周期的安全性，将供应链划分为成品软件、定制开发软件和开源软件，并根据不同类型采取不同的管理手段。中国建设银行旗下建信金科基于 SBOM 理念建立了软件物料清单管理控制台，实现对组件的软件成分扫描与软件物料管理。蚂蚁集团通过对上下游产品和服务采

集数据，进行软件供应链分析，确保第一时间对引用高危漏洞的组件进行修复升级。针对开源软件，蚂蚁在全生命周期中引入安全管控流程，在整个流程中明确业务技术团队、法务合规专家、安全专家、效能专家的角色定位和职责，同时针对开源软件建立软件物料清单巡检机制，对开源组件库中的新增组件进行扫描检测，明确开源软件资产维护要求，建立开源组件和软件黑名单库。中国人民银行发布的《金融业开源软件供应管理指南》进一步明确SBOM在代码审计、许可证合规等环节的强制性要求，推动行业标准化进程。目前，头部金融机构SBOM覆盖率超过80%，并试点基于区块链的跨机构组件溯源平台，以应对开源软件供应链攻击风险。

汽车智能化加速SBOM落地。华为、比亚迪等企业在智能驾驶与车联网领域构建了高精度SBOM体系。例如，华为通过自研工具链整合10万+开源组件数据库，支撑智能座舱系统安全认证；奇瑞依托SBOM实现车载软件缺陷定位效率提升50%，召回成本降低30%。此外，《智能网联汽车数据安全标准体系》要求车企披露核心软件SBOM，推动供应链透明度提升，2024年国内新能源车企SBOM覆盖率已突破60%。

5G与通信设备领域SBOM应用快速扩展。三大运营商联合中国信通院发布《5G网络设备SBOM实施指南》，明确设备厂商需提供组件来源、漏洞状态等核心数据，支撑国产化替代风险评估。华为、中兴在基站设备中集成动态SBOM生成模块，实现组件风险实时监测。同时，政务云平台试点将SBOM纳入安全审查必选项，要求第三方软件供应商提供符合SPDX标准的清单，强化《关键信息基础设施安全保护条例》落地。

医药行业SBOM应用聚焦于医疗设备与数字化系统。迈瑞医疗、联影医疗在高端影像设备中引入SBOM管理，确保嵌入式软件供应链的合规性，满足FDA和NMPA的双重监管要求。此外，医药B2B平台通过SBOM追踪药品追溯系统组件，降低数据篡改风险。2024年发布的《医疗健康数据安全技术规范》首次提出医疗软件 SBOM 披露要求，推动行业从"被动合规"向"主动治理"转型。

互联网科技公司也在加快 SBOM 相关实践。华为要求供应商提供 SBOM 清单，进行供应商安全体系和质量管理体系认证并签署第三方维保协议，以覆盖华为相关产品的全生命周期。京东为 openKylin 社区提供 SBOM-TOOL，帮助开发者们更好地管理和保证软件项目的安全性与可追溯性。该工具是一款基于 Go 语言实现的、无其他特殊依赖的开源项目，专门用于生成软件项目的物料清单，并具备易扩展、易使用的特性，通过多维度信息采集，为用户提供全面而准确的软件物料清单。

（三）开源 SBOM 发展存在的问题及建议

国内软件生产商、运营商特别是中小企业，出于软件物料清单建设成本考虑，在软件开发维护过程中普遍存在"不愿用"的问题，软件采购商则对软件物料清单认识不足，还存在"不了解""不会用"的情况，推动软件供需双方的需求牵引成为推动软件物料清单落地应用的关键。多数中小企业软件安全意识和能力不足，未开展 SBOM 相关建设研究。超过一半的企业缺乏软件成分分析工具，且尚未建立 SBOM 的生成与管理机制，为推动开源 SBOM 的进一步发展和完善，可以从以下几个方面发力。

一是推动顶层制度化建设。制定 SBOM 专项政策文件，明确适用范围、生成要求、审核机制与责任分工，探索建立面向关键领域的 SBOM 强制披露机制，加快出台具备操作性的实施细则，完善标准体系与互认机制。

二是建立适配我国技术体系的 SBOM 国家标准体系，提升对 SPDX、CycloneDX 等国际标准的兼容转换能力，并鼓励行业标准、团体标准与国际对接，实现标准协同发展。

三是加强工具平台生态建设。支持本土 SCA 工具开发商补齐功能短板，建立权威组件知识库与漏洞数据库，推动 SBOM 工具链与 CI/CD、DevSecOps 等开发体系深度集成，提升可用性与智能化水平。

四是激发中小企业参与动力。通过采购补贴、税收减免、提供专项资金等方式降低企业建设门槛，提供模板化工具与操作手册，培育一批行业级 SBOM 服务运营商，实现能力向产业链中下游传导。

五是构建行业协同治理机制。推动构建"标准-平台-机制-服务"四位一体的 SBOM 治理生态，打造覆盖金融、通信、医疗等重点行业的共享平台，实现风险联防联控与知识共建共用。

八、地方开源发展态势

（一）地方开源发展概况

各地方、各主体积极落实，形成合力，共同推进我国开源事业快速迭代和产业升级。我国开源生态持续完善，特别是在基础设施建设、优质项目打造、开源应用推广等方面取得积极成效，部分细分领域发展水平实现与国际"并跑""领跑"。

各地方政府积极贯彻落实国家战略部署，因地制宜地加强开源产业布局，软件企业、高校、研究机构、基金会等各主体积极探索创新发展模式并形成有效实践与成果，东部、中部、西部及东北地区的开源产业发展取得不同程度的突破。但受经济水平、产业基础、资源禀赋、地理区位等因素影响，四大地区的开源产业发展呈现较大的区域差异[①]。

[①] 根据国家统计局的区域划分标准，东部地区包括北京市、天津市、河北省、上海市、江苏省、浙江省、福建省、山东省、广东省、海南省 10 省（市）；中部地区包括山西省、安徽省、江西省、河南省、湖北省、湖南省 6 省；西部地区包括内蒙古自治区、广西壮族自治区、重庆市、四川省、贵州省、云南省、西藏自治区、陕西省、甘肃省、青海省、宁夏回族自治区、新疆维吾尔自治区 12 省（区、市）；东北地区包括辽宁省、吉林省、黑龙江省。

1. 东部地区——基础坚实，发挥引领带动作用

东部地区软件产业发展水平较高，开源产业发展基础坚实。工业和信息化部数据显示，东部地区收入规模继续领先。东部地区完成软件业务收入 113022 亿元，同比增长 10.1%，东部地区软件业务收入在全国软件业务总收入中的占比为 82.3%。其中，北京、上海、广东、江苏、山东等省（市）位居全国前列。云计算、人工智能等新兴产业发展迅速，为开源生态繁荣提供优质土壤。同时，东部地区企业、资金、基础设施、人才等创新资源富集，为开源发展提供强劲支撑。例如，北京市组织优质开源项目产融对接会，促进创新链与资金链深度融合；上海对外经贸大学开设开源创新与数字治理专业，培养开源专业人才。

政策支持力度大，开源生态持续完善，在全国开源体系建设中发挥引领带动作用。例如，北京市海淀区对开源平台建设方根据建设成效最高给予 500 万元资金支持；上海对符合条件的人工智能开源平台最高给予 3000 万元资金支持；南京市工信主管部门出台《加快开源软件发展三年行动计划（2023—2025 年）》等开源专项政策，明确发展路径。公共服务水平持续提升。例如，位于北京的 AtomGit、位于深圳的 Gitee 等代码托管平台功能不断强化，在全国开源体系建设中发挥重要作用；山东的"齐鲁开源社"、福建的开源数字技术研究院等机构也为开源产业发展提供助力。

2. 中部地区——依托资源优势，探索特色发展路径

中部六省开源产业发展已具备一定基础，各地正加快探索结合自身特色优势的开源发展路径。湖北省基础软件实力雄厚，武汉积极部署开源，成果丰硕。武汉市推进新型工业化领导小组办公室发布全国首个开源体系建设方案。武汉东湖新技术开发区管理委员会发布的《东湖高新区加快促进软件和信息技术服务业创新发展的若干措施》中明确提到鼓励建设开源服务平台，对经过备案的平台，按项目建设费用的 30% 给予支持，单个平台支持金额不超过 1000 万元。2024 开放原子开发者大会

八、地方开源发展态势

暨首届开源技术学术大会在武汉光谷举办，聚焦开发者感兴趣的热点内容，深入探讨开源行业发展趋势。武汉深之度科技有限公司的开源国产操作系统深度社区（Deepin）影响力持续提升。同时，武汉开源基础设施建设水平在全国较为突出，全球第二大开源代码托管平台 GitLab 中国发行版"极狐"、全球四大开源数据库之一的 PostgreSQL 中文社区第二个运营中心相继落户武汉。安徽省新兴技术产业发展迅速，科大讯飞发布的星火开源大模型已达到国际先进水平；省制造强省建设领导小组在《安徽省基础软件和工业软件高质量发展若干政策》中提出对关键性开源技术商业化创新项目一次性最高给予 100 万元资金支持。湖南省工信部门主办 openEuler 生态大会，构建生态圈，促进开源软件产业发展升级。河南省举办开源软件大会与全球软件技术开发者"程序员节"等。中部多地积极举办各类开源活动，普及开源文化，营造良好发展氛围，依托本地资源优势，吸引越来越多的开发者、企业关注参与本地开源建设。

3. 西部地区——形成重庆、成都、西安三大发展高地

西部地区大部分省份由于经济发展水平、产业基础和人才储备等限制，开源发展进程相对缓慢，但重庆、成都、西安三地优势资源相对集聚，成为西部地区开源产业发展高地，在开源政策、开源项目、开源活动等方面取得不同程度的成效。重庆市经信主管部门发布《重庆市加速培育软件开源创新生态助力中国软件名城建设实施方案》开源专项政策，成立天工开物开源基金会，举办第二届开放原子开源大赛——汽车软件开源赛。西安深信科创信息技术有限公司作为捐赠主体之一，捐赠元遨项目。西安积极承办 CCF 中国开源大会等会议活动，汇聚创新力量。成都市作为西部地区唯一的中国软件名城，积极抢抓开源发展新机遇，市软件行业协会联合多家单位主办开源生态建设大会，促进交流合作。成都教育优势突出，四川大学、电子科技大学、成都信息工程大学等高校相继开设开源相关课程，加速人才培养。

4. 东北地区——发展基础薄弱，处于探索阶段

东北地区软件产业发展基础较弱，开源生态建设处于初期探索阶段，主要以政策支持、举办活动等方式推动当地开源产业发展。《辽宁省加快发展工业软件产业若干措施》明确提出支持引进和新建国家级、省级开源平台，鼓励建设工业软件适配、验证、测试等公共服务平台，按项目实际投入比例给予单个项目最高 500 万元资金支持。大连成立开源促进联盟，是东北地区首个聚焦开源生态发展的行业组织。哈尔滨举办 CAE 软件集成研发开源生态研讨会，促进合作交流。

（二）地方开源典型城市

近年来，各地基于国家开源战略部署，结合地方产业特点加快开源布局，探索具有地方特色的发展路径，整体呈现出积极探索、分点突破、勇于破题的良好局面，部分地区开源发展路径逐渐清晰，形成先行性、试点性、规律性的发展路径，具有较强的借鉴意义。

1. 资源集聚型城市开源生态建设模式——以北京、武汉为代表

部分省市经济技术基础雄厚，资源要素富集，开源发展土壤优渥，开源技术和产业要素丰富，在此基础上可以持续发力推动各开源要素能级提升，全方面推动地方开源生态繁荣。以北京、武汉为代表的城市代码托管平台、开源企业、开源项目、开源人才等要素基本完备，均从政策保驾护航、培育项目社区、强化基础设施、搭建交流平台、培养开源人才等几个方面统筹促进开源体系发展，推动各要素有机协同，发挥要素的更大价值，形成合成效应。

北京作为国家开源战略的先行者，在开源领域的发展中发挥了至关重要的作用。在政策制定方面，北京市政府持续鼓励开源生态建设，将开源作为信息软件业发展的基础，鼓励企业积极参与国际开源项目。在

八、地方开源发展态势

基础设施建设方面，支持开放原子开源基金会，以开源基金会为基础，以北京亦庄通明湖信息城为载体，启动建设北京国际开源社区，同时支持 CSDN GitCode、开源中国 AI 大模型平台等开源基础设施建设。在平台搭建方面，成立北京开源芯片研究院、微芯研究院、未来操作系统研究院等研究机构，重点培育开源芯片、开源区块链技术及人工智能跨端操作系统开源生态等，目前已建设开源区块链技术平台长安链、全球支持量级最大的区块链开源存储引擎"泓"等。在项目培育方面，目前开放原子开源基金会正式孵化的项目中由北京企业发起的开源项目已达12 个，占基金会孵化项目总量的 37.5%。云原生应用引擎 OpenNJet 项目 2.0 版本在云原生环境下，性能可达到美国云原生计算基金会主推引擎 Envoy 的 3 倍。北京飞桨人工智能产业应用平台推动百度对外开源超过 1000 个项目。在促进交流方面，位于北京的开放原子开源基金会已连续举办三年开放原子全球开源峰会（2024 年改名为"开放原子开源生态大会"），吸引国内外开源人"走进来"，成为开源文化顶级会议和重要行业交流平台，搭建北京开源软件企业"走出去"平台，组织统信、奇安信、悬镜安全等开源软件企业出访沙特、阿联酋等国家。

武汉作为中部地区唯一的"中国软件名城"，其开源生态建设步伐走在全国城市前列。近年来，武汉持续加快开源体系化布局。在政策制定方面，2024 年 10 月，武汉发布《关于促进武汉市开源体系建设的实施方案》，是首个发布开源体系建设方案的城市，方案统筹主线任务，明确目标，任务具体、特色突出、落地性强。同时，武汉市有关部门联合发布倡议书，号召高校建立开源创新推进机制，探索将代码贡献、算法服务等纳入创新能力评价体系，着力打造中部地区开源生态"策源地"和开源开放创新高地。在项目培育方面，深度社区（Deepin）成为全球最活跃的开源操作系统社区之一，拥有超过 750 万名全球社区用户，全球镜像下载站超过 150 个，遍及除南极洲外的六大洲。成立我国首个工业技术软件化开源社区，服务 400 余个开源项目和 1000 多家企业用户。

成立城市级开源社区"黄鹤开源社区",面向开发者、开源项目和开源机构提供信息发布、开源活动管理、开源项目评价、开源人才评价等全方位服务。在基础设施建设方面,GitLab 中国发行版"极狐"平台已实现代码和服务的本地化部署。在开源组织、开发者发展方面,武汉 RISC-V 生态创新中心、全球四大开源数据库之一的 PostgreSQL 中文社区第二个运营中心相继落地。据相关统计,武汉市软件从业人员数量超 40 万人,在 CSDN 等知名开源论坛中用户注册数量居全国城市前五。

2. 创新驱动型城市开源生态建设模式——以上海、杭州为代表

随着人工智能、机器人等技术的迅速发展,部分活力较强的城市紧随技术发展趋势,在新赛道、新领域加快开源布局,以开源方式推进技术创新,打造前沿领域优势产业。以上海、杭州为代表的沿海发达城市创新要素丰富、融资能力强、营商环境宽松,民营企业、初创企业较多且创新能力强,对前沿技术和资讯敏感,有利于推动开源前沿产业落地和前沿产业开源生态。

上海瞄准人工智能和机器人赛道,以开源汇智聚力,通过加强政策引导、支持项目开源、建设开源平台等举措,加快技术更新迭代、促进产业发展。在人工智能领域,上海相关部门先后发布《上海市推动人工智能大模型创新发展若干措施》《关于促进工业服务业赋能产业升级的若干措施》等产业政策,支持大模型开源社区和协作平台建设。开源书生·浦语 3.0(InternLM3)大模型,通过精炼数据框架大幅提升思维密度,以 4T 数据训练出高性能模型。白玉兰人工智能开源开放平台、上海市开源治理技术公共服务平台等开源公共服务平台,加快推进大模型、语料数据开源。在机器人领域,国家和地方共建人形机器人创新中心,发布全国首个全尺寸人形机器人开源公版机"青龙",支持 OpenLoong 开源社区建设。一批优质企业陆续开发出傅利叶智能、智元机器人、开普勒机器人等人形机器人,以技术开源不断塑造产业核心竞争力。

八、地方开源发展态势

杭州以开源抢抓人工智能基础模型建设，大力支持阿里等互联网大厂和深度求索等创新型科技企业发展，力求打造模型生态最优城市。形成以阿里"魔搭"、通义千问，深度求索为代表的优质人工智能大模型，其中深度求索推出的新开源模型 DeepSeek-R1，仅用十分之一的成本就达到 GPT-o1 级别的表现，技术性能大幅提升，引发全球人工智能领域的广泛关注，进一步"出圈"引发社会热议。杭州市经信主管部门发布《杭州市人工智能全产业链高质量发展行动计划（2024—2026 年）》，提出到 2026 年，集聚开源模型生态企业 1000 家以上，杭州将加大开源生态引育，推动龙头企业发布基础大模型"全家桶"开源版本，支持全球优秀开源模型和开发者在"魔搭"等大模型开源社区集聚，鼓励行业企业利用开源模型开展人工智能应用。开放原子开源基金会联合当地主管部门开展"校源行"活动，争取开放原子开源大赛人工智能赛道落地，协同开展市场潜力大、发展前景优的伙伴企业招引落地。

3. 产业赋能型城市开源生态建设模式——以重庆为代表

工业城市的支柱产业比重大，转换行业赛道不现实，且传统产业转型升级任务重，以重庆为代表的重工业城市探索以开源赋能支柱产业，用开源解决产业实际问题、提高产业创新能力，让传统产业"老树发新芽"，为我国工业城市发展提供新思路。

汽车是重庆的支柱产业之一，拥有全国"汽车第一城"的美称。随着汽车产业数字化转型的加速，开源软件正成为推动行业创新与发展的核心力量，在智能驾驶、车载娱乐等多领域展现出巨大的应用潜力。重庆积极引入普华智能驾驶基础软件业务总部，推动普华基础软件开源国内首个规模化、量产级的安全车控操作系统"小满"（EasyXMen），向开放原子开源基金会捐赠车用操作系统开源微内核"龘"EasyAda，助力我国车用操作系统开源生态迈向新高度。此外，开放原子开源大赛根据重庆相关车企实际问题，聚焦智驾操作系统、仪表座舱操作系统、安全车控操作系统等汽车领域专用软件,推动关键技术攻关,成果将为重庆相关车企解决实际问题,推动汽车软件开源项目发展、技术创新和生态融合,促进汽车软件能力提升,并吸引"硬科技"项目和优秀人才在重庆落地。

4. 商业应用导向型城市开源生态建设模式——以深圳为代表

开源项目的商业化应用是激励企业创新和推动行业自主循环的重要因素,是地方开源创收的直接方式,也是推动地方开源生态建设的重要一环。以深圳为代表的科技产业城市聚焦开源明星项目,支持基于开源项目的商业化版本研发和应用,以应用为牵引,以需求为导向,推动应用场景有效开放,为地方发展探索出一条开源应用之路。

作为开源鸿蒙社区和开源欧拉社区的诞生地,深圳结合地方开源优势,围绕社区商业化版本的研发和应用,聚力打造开源操作系统应用生态,着力打造全球"开源鸿蒙欧拉之城"。深圳市工业和信息化局先后发布《深圳市推动开源鸿蒙欧拉产业创新发展行动计划(2023—2025年)》《深圳市支持开源鸿蒙原生应用发展2024年行动计划》,引导开源基础软件商业化版本应用开发;实施首版次软件推广应用项目,支持开源产业发展,拨付专项资金超2亿元。鸿蒙生态设备超9亿台,鸿蒙原生应用和元服务数量超1.5万个;openEuler开源社区用户数量近370万名,社区单位成员超1800家。

5. 多城市集群式开源生态建设模式——以江苏为代表

江苏省充分发挥其"多城联动、资源聚合"优势,构建了以城市群为载体、产业与教育为支撑、项目与活动为纽带的开源生态体系。江苏省高度重视开源文化氛围营造,积极厚植开源土壤,通过各类开源活动,吸引开源开发者、创业团队入驻园区,加速开源项目创新火种培育。

江苏省中小型软件企业居多,软件龙头企业相对较少。开源有助于效率提升,是加速中小企业创新发展的有效路径。江苏省结合省内高校居多、科研氛围浓厚的地方特色，积极举办开源活动，营造开源创新氛围。江苏省积极承办首届开放原子开源大赛，历时8个月在全省举办20场线下路演，覆盖苏州、南京、无锡、盐城等地区。通过举办赛事，全国共计31个优秀参赛团队与江苏省内软件园区签署落地意向。无锡举办开放原子开发者大会，吸引海内外开发者超千人，大力支持金陵科技学院等省内高校参与"校源行"等开源文化交流活动。

（三）地方开源发展存在的问题及建议

尽管各地开源生态建设如火如荼，但仍存在发展定位不清晰、政策执行效果弱、重发展轻治理等问题。

1. 地方开源发展存在的问题

一是缺乏差异化，特色优势不突出。开源已成为地方发展共识，但如何破题开源、如何用好开源、如何将开源与产业充分结合，仍是目前国内很多地方亟待解决的难题。部分地方对开源的内涵和外延把握不够，难以结合地方特色进行针对性布局，开源发展目标、路径和具体举措有待进一步探索与明确。

二是政策有待完善，执行效果欠佳。近年来，各地陆续出台开源方面的顶层设计和落实举措。整体来看，政策偏向宏观引导，资金、项目和人才等层面的具体激励措施相对较少，落地执行层面有待加强。以开源人才激励为例，多地均在政策中提出要将开源与企业、高校等考核机制挂钩，开源人才可优先申报科技进步奖等奖项。但在实际操作层面，尚未发现有相关奖项、项目招投标向开源倾斜的迹象。

三是重发展轻安全，风险治理不足。在开源发展前期，地方往往容易忽略开源背后的安全风险，难以做到发展和安全"两手抓""两手硬"。目前，国内开源相关的司法实践较少，风险治理宣传引导不足，开发者、企业在使用开源、贡献开源过程中风险意识不强，容易存在许可证协议误用、混用的情况。

四是商业探索较慢，落地应用较少。各地开源项目众多，但真正实现商业化的开源企业较少，基于开源项目形成商业化版本的软件不多，能够提供开源商业化服务的企业屈指可数，更是缺少类似红帽的开源龙头企业。开源企业实现商业化的周期较长，如何探索和挖掘更多的商业模式、在用户端发力加快软件应用亟需破解。

2. 地方开源发展的建议

当前，开源已成为地方加快产业发展、塑造创新活力的重要推动力，各地需进一步明确发展路径，高质高效地推动开源生态体系建设。首先，制定并实施符合本地实际的开源发展模式。根据地方开源发展基础，结合产业特色进行针对性布局和差异化发展，可从开源企业主体、开源项目、开源应用、开源文化等方面寻求突破。其次，加快政策落地执行。加强省市联动，依托行业协会、联盟等组织机构，加强政策宣贯引导，以更加细化的举措推动政策落地见效。再次，加强开源安全治理。加快打造开源合规公益精品课程，组织开展开源法律法规专题培训，建设软件物料清单公共服务子平台，提供公益性代码审计、动态监测、风险预警等公共服务。

九、开源教育与开源学术发展态势

开源教育是我国开源生态高质量发展的重要支撑。尽管中国已成为全球开源参与者数量增长速度最快的国家，但真正掌握开源核心技能、具备开源项目开发能力的专业人才仍然紧缺。当前，学术界与产业界已在开源教育领域展开积极探索，但调研表明，关于"开源教育"和"开源人才"的具体定义尚未达成共识。本报告所称"开源教育"是指一种融合开源理念与技术，应用于人才培养体系的创新型教育模式。其核心特点在于将开源项目作为教学资源，以开源社区作为实践平台，整合多元化的师资力量，推动产学研协同育人，并以实际开源贡献作为核心评价标准，确保人才培养符合产业需求。所谓"开源人才"，是指认同开源文化，具备开源协作能力，能够在技术开发、合规管理、社区运营、教育推广等方面为开源社区做出贡献的专业性人才。

（一）开源教育现状

开源教育正呈现出多维度的发展态势。政府持续加大政策支持力度，为开源教育的发展奠定了坚实的基础；企业积极参与，推动开源教育实践与产业融合发展；高校创新探索多样化的教学模式和课程体系，为人才培养注入新动力；开源组织带动社区广泛参与，促进开源文化的传播。四方协同发力，共同推动开源教育的可持续发展与创新（见图9-1）。

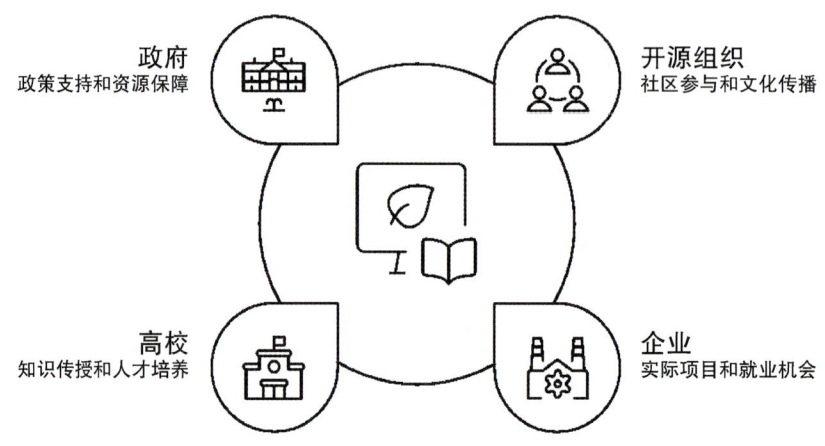

图 9-1 四方合力推动开源教育发展

1. 地方政府持续强化政策支持，推动开源教育体系化发展

2024年，多地政府积极出台支持开源教育的政策。如南京市、宁波市、武汉市和广州市等地明确支持开放原子"校源行"活动，推动开源社区和高校深度合作。此外，各地政府通过支持开源社区建设、促进企业与高校联动、鼓励开源活动等举措，加快构建开源教育与产业发展的协同机制。

支持开源社区建设，推动产业协同发展。北京市鼓励开源组织、科技企业、高校院所、社会组织等主体建设专业化开源社区；成都市支持企业、高校院所和第三方机构围绕模型开发搭建开源开放平台（社区），构建基于开源技术的软件、硬件、数据、应用协同的产业生态。

推动企业与高校联动，促进开源文化普及与人才培养。各地鼓励企业深度参与开源教育，带动开源文化、开源项目及开源社区走进校园。如南京市鼓励企业积极对接开放原子"校源行"、中国科学院软件研究所"开源之夏"活动，在教师资源、实践平台、项目交流等方面加大对"校源行"等活动的支持力度，要求2024年全年组织相关活动不少于5场。

广州市鼓励开源产业发展与开源教育进行有机结合，推动高校开展开源活动，普及开源知识。

支持开源大赛、论坛、夏令营等活动，促进人才培养与生态建设。宁波市鼓励高校、企业、协会等举办开源相关大赛、论坛等，推动开源文化宣传普及；武汉市鼓励各区孵化优质开源创新创业项目，积极举办各类开源开发者大赛、"校源行"、开源夏令营等系列活动。

2. 社区与企业深度参与，助力开源教育实践与产业协同

开源社区与企业的深度参与已成为推动开源教育体系建设的重要力量。通过认证标准化人才、建设系统化课程、孵化实践项目及举办开源赛事等，助力高校优化教学体系、增强实践导向，提升人才培养质量，加速高校人才向产业人才的转化。

构建标准化开源人才评价体系。在开放原子开源生态大会上，工业和信息化部人才交流中心联合开放原子开源基金会、华为、腾讯、华东师范大学等14家单位共同发布《开源人才能力要求与评价规范》。该规范聚焦开源生态建设实际需求，围绕开发、合规、运营和战略四大方向，明确岗位能力要求、培养路径和评价标准。规范的发布标志着我国开源人才体系建设进入"以产业需求为导向、以能力贡献为核心"的新阶段。同时，基金会联合开源鸿蒙、开源欧拉、OpenTenBase 三大社区推出开源公益人才认证计划。截至 2024 年年底，认证人数突破 8 万人，为开源生态发展提供了有力的人才支撑。

推进体系化开源技术课程建设。开源鸿蒙社区于 2024 年 7 月发布《开源鸿蒙操作系统原理与架构》，配套推出 10 本专业书籍及 5 门认证课程，形成覆盖操作系统、物联网应用及移动应用开发的完整教学体系；开源欧拉社区推出英文版在线认证课程，助力开源教育的国际化进程；Datawhale 通过社区化学习模式发布开源版 AI 通识课程，构建"知识-人才-场景"三位一体的培养体系；PingCAP 发起数据库内核编程课程

Talent Plan 和 Talent Challenge Program，通过"导师+项目"模式培养数据库领域专业人才。

深化开源实践体系，强化产业应用衔接。2024 年第二届开放原子大赛吸引了众多高校参与，聚焦解决产业中的真问题；腾讯推出的"犀牛鸟开源人才培养计划"，构建了"培训-研学-实战"三级体系，覆盖前沿技术热点，助力开源人才的培养与产业需求对接。同时，国内开源社区积极支持中国科学院"开源之夏"和中国计算机学会（CCF）"GLCC 开源编程夏令营"等活动，提供真实项目实践机会，进一步促进开源人才培养与产业实际需求的紧密结合。

3. 各级院校多维探索，推动开源教育纵深发展

开源教育正在成为各级学校人才培养体系中的重要组成部分。各类院校围绕计算机专业课程改革、通识教育、教学实践、开源社团建设及中小学科创实验等方向展开深入探索，积极构建各具特色的开源教育模式。

在计算机专业课程改革方面，侧重推动开源技术融入专业教学体系。清华大学计算机科学与技术系开发了开源操作系统课程 uCore，引领基础软件编程教学创新；北京大学计算机学院开设"开源软件技术"课程，整合开源欧拉、飞桨、TiDB 等实际开源项目；华中科技大学基于开源芯片平台重构计算机组成原理课程，推动多所高校协同应用。

在通识教育方面，侧重构建开源文化普及网络。华东师范大学和同济大学共建 X-Lab 实验室，开设"开源软件通识"课程，围绕"拥抱开源""贡献开源""项目实践"，系统介绍开源文化等知识体系，教授开源协作与贡献的关键技能，并通过实际的开源项目培养学生的工程实践能力，帮助学生深入理解开源项目的运作方式；哈尔滨工程大学计算机科学与技术学院开设前沿选修课"计算机系统开源项目实践导论"，通过引导学生参与实际的开源项目，增强其对开源项目的操作理解与技术应用

九、开源教育与开源学术发展态势

能力。

在教学实践方面，侧重提升学生工程实战与创新能力。清华大学软件学院孵化我国首个高校 Apache 顶级项目 IoTDB，依托该项目培养了一批具备核心技术能力的优秀开发者；中国科学院计算技术研究所推出的"一生一芯"计划，基于 RISC-V 指令集，指导本科生设计处理器并完成流片，提升学生的硬件开发与实践创新能力；国防科技大学引入开源群智的软件工程实践教学方法。

在开源社团建设方面，侧重培育开源文化和技术土壤。全国 68 所高校（包含清华大学、北京航空航天大学等）建设开放原子开源社团，培育高校开源文化和技术土壤，鼓励学生通过实践和贡献，深化对开源技术的理解，培养高水平人才。

此外，中小学开源教育逐渐加速，为未来的人才储备打下基础。首都师范大学在翠微小学开展开源鸿蒙教育，深圳卓雅小学通过"开源大师兄"平台组织物联网课程实验。广东惠州、湛江、中山等地学校也在探索开源课程，推动开源教育在基础教育阶段的普及，为全面培养开源人才提供支持。

4. 开源组织协同发力，推进人才生态建设

当前，各类开源组织正积极探索体系化的开源教育赋能模式，虽然整体仍处于构建和完善阶段，但已取得一些成效。以下是开源组织赋能教育的主要实践案例。

开放原子开源基金会发起的开放原子"校源行"公益项目是平台化运作的成功实践。该项目围绕推广开源课程、建设开源师资队伍、设立开源社团、举办开源主题活动等多方面展开，加快开源文化、理念和技术进校园，引导广大师生投身开源事业。2024年年底，该项目已累计覆盖 200 余所高校，培养 3 万余名学生。同时，基金会还举办开放原子大赛，鼓励通过开源模式解决"真问题"、推广先进开源技术应用、发现开

源人才，有效促进开源技术的工程化应用和成果转化。

中国计算机学会通过多项举措推动开源文化普及与人才培养：2024年"开源高校行"活动共举办 12 期，覆盖北京大学、西南大学等；第七届开源创新大赛为高校学生提供高水平的开源实践平台；GitLink 组织的"确实开源"编程夏令营，联合开源基金会与社区提升学生技术水平；计算机课程改革导教班开展"开源软件通识"师资培训，提升高校教师的开源教学能力。

此外，上海对外经贸大学成立开源创新与数字治理研究院，开设"开源创新与数字治理"微专业，培养具有国际视野和数字思维，掌握开源创新理论与技术的开源专业人才。天工开物开源基金会通过"高校行""实地培训""开源毕设"项目，共上线 143 个实践课题，为高校学生提供基于真实开源项目的锻炼机会。

（二）开源教育面临的主要挑战

当前，我国高校开源教育发展仍面临系统性挑战，主要体现在知识体系构建、实践平台搭建、师资培养机制、评价体系完善及校企合作规划等方面，这些问题直接影响了开源教育的推进效果。

一是地方和高校对开源教育认知不足。地方教育主管部门和高校对开源教育的重视程度不足，未能充分认识到开源教育在数字化人才培养中的重要作用，相关政策支持和资源投入也较为有限。此外，开源教育理念的宣传力度不够，社会公众、教师和学生对开源教育概念与价值认知不足，导致师生参与积极性不高，影响了开源教育的普及与深化。

二是开源教育师资力量薄弱，校企合作不足。高校在开源师资队伍建设方面进展缓慢，缺乏既具备扎实理论基础，又拥有丰富实践经验的教师，因此难以为学生提供高质量的前沿指导。同时，国内开源社区的产业生态尚不成熟，企业更倾向于关注短期商业利益，缺乏对高校人才培养的长期投入。这种局面限制了高校与企业之间的深度合作，导致校企合作的广度和深度均存在不足。

三是动力机制缺乏，评价标准不健全。当前，高校教师的考核标准仍以论文和专利为主要指标，未能充分认可开源项目的贡献和影响力。这种评价体系的缺失降低了教师和学生参与开源项目的积极性，不利于开源教育的可持续发展。此外，各高校在课程设置、人才培养模式及评估标准上存在较大差异，缺乏统一的开源教育评价体系，导致开源教育质量参差不齐，影响其整体发展水平。同时，企业和高校之间的评价标准未能有效匹配，使开源人才的培养与产业需求存在一定脱节。

四是开源知识体系缺失，跨学科整合不足。高校尚未建立系统化的开源知识体系，相关课程和实践项目未能有效融入人才培养方案。教学内容仍然偏向传统计算机科学领域，缺乏对 Git、开源协议、开源社区治理等基础知识的系统讲授，同时缺乏开源项目开发与管理的实战经验。由于开源技术更新迅速，高校课程内容难以及时跟进，学生在校期间难以掌握最新的技术动态。同时，由于缺乏产教融合的开源项目实践平台，绝大多数院校难以接触到开源社区和实际项目，学生无法获得与产业需求对接的实践机会，影响了开源人才的培养质量和实际应用能力。

此外，开源教育还应拓展至商业、法律等学科领域，培养具备开源运营、开源合规等能力的复合型人才，以支撑开源生态的长远发展。

（三）开源教育的发展建议

开源教育的发展需要从政策引导、师资建设、文化推广、校企合作等方面协同推进，推动高校、企业与开源社区的深度合作，形成全链条、系统化、可持续的开源教育体系，为开源生态建设培养高质量人才，助力创新发展。

一是教育部门出台引导高校参与开源贡献的具体政策。从顶层设计、课程改革、评价创新三方面强化政策引导，推动高校深度参与开源生态建设。第一，制定开源教育专项规划，将开源教育纳入学校教育体系，构建系统化的人才培养路径，推动高校在教学和科研中积极应用与贡献开源项目。第二，构建开源课程体系，由高校教学指导委员会规划知识框架，将开源项目实践融入高校课程，并依托高校、企业、社区共建共享示范性课程资源。第三，建立开源贡献导向的人才评价体系，将高校师生的代码贡献、社区治理等纳入绩效评估和学业考核，并设立专项激励基金，构建多元化的开源成果评价体系。

二是加强师资队伍建设，提升开源教育水平。通过师资建设与教学实践双向发力，提升高校的开源教学能力。第一，识别并凝聚一批具有开源精神和实践经验的先锋教师，共同完善开源知识体系，探索开源教学案例。第二，强化师资培训以提升开源教学能力，并建立激励机制，鼓励教师深度参与开源项目，并将其转化为教学资源。第三，通过教师带领学生开展项目实践，实现开源经验向课堂迁移，形成教学与开源生态互哺的良性循环。

三是加强校企合作，打造开源人才生态。以产教融合为核心，深化校企合作，推动高校、企业和开源社区共建开源人才生态。第一，建立校企长期合作机制，共建开源实践基地，联合开发课程，通过开源项目提升学生的工程能力和就业竞争力。第二，推动多主体协同建设开源生态，通过开源竞赛、技术研讨等活动，加强高校、企业和开源社区的联动，提高学生的开源应用能力。第三，强化校企导师联合培养机制，鼓励企业专家与高校教师共同指导学生，促进教学与实践、学术与产业的融合，提升人才培养质量。

四是持续推广开源文化，营造开源教育氛围。通过课程建设、文化推广和社会活动强化开源文化，营造良好的开源教育氛围。第一，将开源文化融入高校课程，在计算机、人工智能等专业课程中嵌入开源理念和社区协作技能，培养学生的开源技能。第二，扩大开源文化的社会影

九、开源教育与开源学术发展态势

响力,通过讲座、论坛和校园社团等形式,提高社会各界对开源生态的认知,吸引更多人才加入开源社区。第三,构建理论与实践相结合的学习闭环,依托高校开源社团、开源项目和黑客松等活动,让学生通过场景化体验增强参与感与认同度,推动开源思维向创新能力的有效转化。

(四)开源学术研究现状及挑战

开源作为一种协同创新形态,其围绕特定主题,以技术或兴趣点为依托,形成团体性的共同创造与共享,具有复杂的演化关系。要推动开源高质量发展,必须深度剖析开源所蕴含的技术和演进难题,形成科学方法论,从而实现科学化、规模化快速发展。这就要求将开源当作研究对象,从学术视角对其进行刻画、抽象与分析①。

在计算机发展初期,以科研机构/高校为主的计算机科学家积极探索以开源形式传播软件技术与产品。不管是从全球还是从中国开源发展来看,开源学术研究都发挥了重要的推动作用,促进了 UNIX 操作系统、BSD 开源协议、MIT 开源协议的诞生,为产业界的开源运动兴起奠定了基础。

1. 学术界科学研究有力促进了开源发展

随着计算机技术的普及与需求的高速迭代,学术界的大量先进科研工作成果以开源软件的形态出现,并进一步加速了产业发展。例如,UC Berkeley 大学的 AMP Lab 实验室推出的大数据分布式计算处理技术催生了 Apache Spark 顶级开源项目,并持续引领相关技术的发展。至今,全球围绕 Spark 这一项目发表学术论文超 10 万篇,支持 Spark 软件的生态

---

① 为量化分析开源学术研究的发展趋势,本书分析了 Google Scholar 和中国知网收录的 2015—2024 年包含"Open Source"与"开源"关键词的 2517 篇中英文学术文献。此外,本书还参考了国内外高校围绕开源的系列科研成果。

软件超千款。我国清华大学研制的工业物联网时序数据管理技术则催生了 Apache IoTDB 国际顶级开源项目，与其在 SIGMOD、ICDE、VLDB 等国际高水平学术会议上发表的相关时序数据管理技术相呼应，加速了时序数据管理领域的研究与产品落地。近三年国内外围绕 IoTDB 的相关学术研究超过 300 篇，彰显了开源学术研究成果的全球影响力。开源学术研究热度呈现曲线式发展趋势。从 2015—2023 年开源学术论文数量（见图 9-2）来看，总体呈现出曲线式发展态势，初期开源学术论文数量增长较为缓慢。自 2017 年后，随着开源在大数据、云计算等技术领域的大规模应用，相关学术研究也迎来了快速增长，论文数量显著增加。

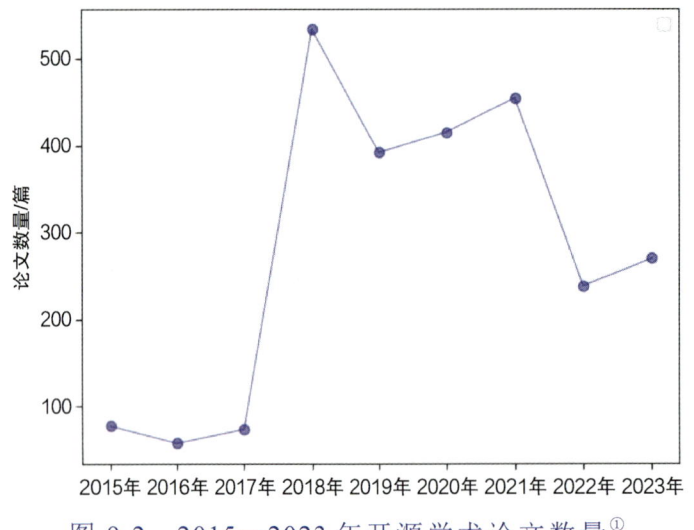

图 9-2　2015—2023 年开源学术论文数量[①]

值得注意的是，该变化并非单调上升的，部分年份的论文数量有所波动。开源学术论文数量在 2022 年出现较大下滑，但在 2023 年有所回升。2024 年，学术界围绕开源的研究更加丰富，形态更加多样。例如，斯坦福大学在 2024 年设立了斯坦福开源软件奖（Stanford Open Source Software Prize），颁发给为推动开源软件学术发展做出突出贡献、对其领域研究产生重大影响并成为开源最佳实践典范的开源软件项目。首届斯坦福开源软件奖分别颁发给了 Flashattention 和 Generalized random forests 两篇学术研究（且均提供了开源实现）。

近年来，中国在开源学术研究方面取得了显著进展，相关论文数量逐年增加（见图 9-3）。中国近年来在开源学术研究领域的论文数量呈现稳步上升的趋势。需要注意的是，本数据仅包含中文论文，未统计中国学者在国际期刊上发表的英文论文，因此中国在开源学术领域的研究成果实际数量可能更为庞大。

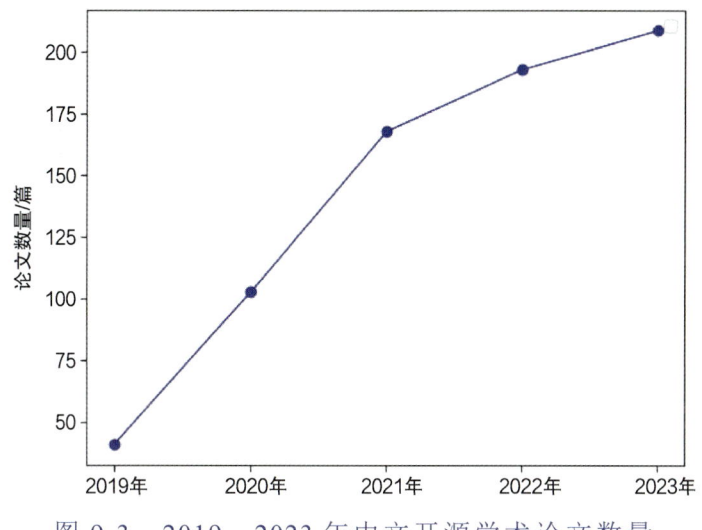

图 9-3　2019—2023 年中文开源学术论文数量

2. 开源学术研究面临的主要挑战

一是开源领域的学术研究在数量和深度上仍显不足。根据数据分析，开源学术研究主要集中在开源信息技术、开源运营和开源基础设施等方向，如表 9-1 所示。从表中可以明显看到，开源信息技术、开源网络通信、开源产业应用等方向的论文占比超过 53%，而针对开源更精细领域的深入研究占比不足 50%。可见，开源科研作为面向开源领域的科学研究，尚未得到足够的重视和深入研究。

表 9-1 中文开源学术论文研究方向

序号	研究方向	数量/篇	比例
1	开源信息技术	409	41%
2	开源运营	200	20%
3	开源基础设施	117	12%
4	开源产业应用	98	10%
5	开源治理	79	8%
6	开源质量与供应链安全	44	4%
7	开源规则	29	3%
8	开源商业布局	11	1%
9	开源网络通信	10	1%

二是开源学术研究尚未形成统一的分类标准。开源技术涉及的细分领域包括操作系统、数据库、人工智能、云原生、大数据、前端开发等多个技术领域，并延伸到经济学、社会学、法学、管理学等非技术领域，如开源经济模式、开源社区治理、开源法律与知识产权等。这种跨学科的复杂性使开源研究难以被简单地归类，也导致了研究方向的碎片化。

三是开源学术研究各领域的研究深度和广度存在差异。在技术层面，开源软件的开发、维护、安全和供应链管理是研究热点，如开源软件的漏洞管理、依赖关系分析及 API 演进等。然而，在非技术领域，如在开源的社会文化影响、开源教育模式、开源政策的制定与评估等方面，研究仍处于初步探索阶段。这种不平衡的研究现状限制了开源学术研究的系统性和完整性。

四是开源学术研究的主要难题尚不清晰。开源生态的复杂性使研究方向分散，缺乏统一的理论框架来系统解释开源现象。例如，开源项目的健康度评估、社区可持续发展和开源商业模式等研究领域虽然受到关注，但缺乏成熟理论支持。同时，开源数据的海量性、异构性和动态性增加了数据获取与量化分析的难度，难以形成有效的研究方法论。此外，知识产权和法律合规性等复杂问题进一步模糊了研究的核心难点。

五是开源学术研究交流平台有待加强。当前，国内外专门面向开源研究的学术交流平台较为稀缺，尚未形成体系化的期刊与会议生态。国际层面，仅有 *Journal of Open Source Software*（JOSS）等少数期刊专注开源软件的技术评审，其内容覆盖范围有限，且缺乏对开源治理、法律经济等跨学科议题的系统性关注。学术会议方面，虽然 IEEE/ACM 联合主办的"Mining Software Repositories"（MSR）等会议通常涉及开源代码分析，但并非以开源为核心主题，研究议题分散于软件工程领域。

国内层面，目前尚无开源领域专属期刊。而国内开源学术会议体系初现雏形但尚未成熟，直至近年才出现部分开源学术会议（见表9-2）。例如，2024年举办的首届开源技术学术大会（OSTAC 2024）由中国通信学会开源技术委员会联合开放原子开源基金会共同举办，旨在为开源领域的研究者、开发者和用户提供学术交流平台。此外，CCF 中国开源大会也聚焦开源创新实践与生态建设，为开源研究提供了重要的交流机会。然而，这些会议多为近几年新兴的，尚未形成持续的学术交流氛围。

表 9-2　国内外开源学术会议（节选）

序　号	名　　称
1	开源技术学术大会
2	CCF 中国开源大会
3	中国开源情报大会

续表

序　号	名　　称
4	数字经济开源创新学术会议
5	Journal of Open Source Software
6	Mining Software Repositories

（五）开源学术发展建议

一是逐渐完善开源学术研究体系。为推动开源学术研究的深入发展，应根据开源生态发展的生命周期和边界，对相关学术研究方向进行抽象归纳。在 2024 年开放原子开发者大会上，开源领域的学者对该问题进行了初步回答，其参考中国信通院 2020 年发布的开源生态架构图，定义了开源规则、开源运营、开源商业化布局、开源治理、开源基础设施 5 个开源支撑学术研究方向，并将开源项目粗略划分为开源信息技术与开源网络通信技术两大学术研究领域；同时根据参与者的角色不同，将针对开源使用者和针对开源贡献者的研究也划分为 2 个研究方向。尽管该体系能够覆盖大多数开源研究，但依然值得被更多学者进行深度分析和完善，建立更丰富、更具体的学术研究体系。

二是搭建开源学术研究交流平台。在数字化与开放科学的发展浪潮下，搭建开源学术研究交流平台是推动开源学术研究透明化、协作化的重要路径。建议通过建立开源学术期刊或专栏，组织定期的研讨会、工作坊和学术会议等形式，为开源学术成果提供正式的出版渠道，提升开源研究的可见度和影响力，促进开源领域的学术交流和合作，加速知识的传播和创新思维的碰撞，同时帮助研究人员建立学术声誉，吸引更多的关注和资源。

三是推动多方协作与研究成果落地，为开源健康度评测奠定坚实的基础。学术界、企业和政府部门应联合建立统一的开源评测标准和数据共享平台，让更多研究团队与项目维护者能获得相对完整且高质量的分析数据，并在指标定义和评估方法上不断迭代优化。进一步结合大数据、人工智能等先进技术手段，为开源项目的健康度评测和治理提供科学依据，促进相关成果从理论研究走向实践应用。

四是完善激励机制与政策配套，构建可持续的开源生态系统。政府和行业组织可在资金支持、人才培养、知识产权保护等层面出台专项政策，为高校与科研机构在开源教育和研究领域的持续投入提供保障。

十、开源商业化发展态势

开源软件的发展始终受到技术和市场变化的双重驱动，其商业模式经历了多轮迭代升级。当前，开源商业化的发展历程大体划分为三个阶段（见图 10-1）。

时间	阶段	代表企业	底层驱动（供给侧）	底层驱动（需求侧）	创造价值
2015年至今	开源商业化3.0 云托管(Cloud Hosting) 作为服务托管在云上	Databricks MongoDB	公有云兴起	快速弹性 降低运维成本	用量弹性/按需付费 免于部署运维 原厂专业支持
2005—2015年	开源商业化2.0 开放核心(Open Core) 提供差异化商业版本	Cloudera Confluent	软件体系化 生态逐渐完善	用户对软件的易用性需求增加，需要完善的解决方案	完整的软件生态服务与解决方案
1995—2005年	开源商业化1.0 支持服务(Support) 技术支持及咨询服务	Red Hat MySQL	软件越来越复杂和专业	用户对软件的稳定性需求增加，需要专业的技术支持	专业可靠的技术支持，可提高软件的稳定性

图 10-1 开源商业化发展的三个阶段

（图片引用自《2021 中国开源年度报告》）

在开源商业化 1.0 时代（1995—2005 年），开源软件的商业化模式主要是支持服务模式。随着软件复杂度的提高，企业用户对专业技术支持与服务的需求逐渐增长。在此阶段，企业通过提供付费的咨询服务和技术支持，帮助用户降低使用开源软件的门槛。代表企业主要有 Red Hat 和 MySQL。

十、开源商业化发展态势

在开源商业化 2.0 时代（2005—2015 年），开源软件的商业化模式主要是开放核心模式。随着开源生态的发展，企业用户对软件的易用性和功能完整性提出了更高要求，逐渐追求更加完善的商业化解决方案。在此阶段，企业将基础版本免费开源，增值功能则通过付费模块或商业版本提供，形成基础版本免费与进阶版本收费的组合模式。开放核心模式是当前盈利的开源软件企业采用的主流商业模式，在 2023 年营收超百万美元的开源软件企业中有 92%选择此模式①。代表企业有 Cloudera 和 Confluent。

在开源商业化 3.0 时代（2015 至今），开源软件的商业化模式主要是云托管模式。云计算技术的迅猛发展，以及企业对灵活、可扩展基础设施需求的不断增长，推动了 IT 企业对云计算的大力投入，并加速了云计算技术在全球范围内的普及与渗透。企业用户的偏好逐渐转向能降低资本支出、减少运维负担的方式。在此阶段，企业将开源软件作为订阅式服务直接托管在云端，往往采取云中立战略，支持所有的主流云环境，顺应多云融合趋势，用户无须部署即可使用。代表企业有 Databricks 和 MongoDB。

纵观开源软件商业模式的演进历程，不同发展阶段在服务交付、盈利机制与客户价值创造上各具特色，但均是围绕降低用户使用开源软件的技术与运维门槛，不断优化交付方式实现商业成功。在不同发展阶段，客户的关注点有所变化，从早期注重技术稳定性，到中期追求功能完整性与易用性，再到后期强调使用便利性、经济性和免运维，商业模式也从早期以人工服务为主逐渐演变为产品化、自动化程度更高的服务为主，云服务更是为开源企业带来了收入规模和盈利效率的指数级增长。

---

① 数据来源于 Crunchbase、云启资本。

（一）开源软件商业化的发展路径

当前，开源软件的商业模式主要包括八种类型（见表 10-1）：支持服务模式（Support）、云服务和托管模式（Hosting）、开放核心模式（Open Core）、"开放核心+混合许可"模式（Hybrid Licensing）、限制性许可模式（Restrictive Licensing）、双许可模式（Dual License）、嵌入广告模式（Advertising）和硬件捆绑模式（Hardware Bundling）。

表 10-1　八种开源软件的商业模式对比分析

商业模式	开源协议	代码开放程度	盈利模式	定制化成本	服务模式	代表企业
支持服务模式	不限	不限	技术支持、咨询服务	高	—	Red Hat
云服务和托管模式	不限	不限	SaaS 按需收费	低	云服务	MongoDB
开放核心模式	Apache、BSD、MIT	基础版本开源	专业版、企业版售卖	较高	本地化赋能	Databricks
"开放核心+混合许可"模式	限制性许可	基础版本开源	订阅收费、增值服务	较高	本地化赋能	Confluent
限制性许可模式	SSPL（服务器端公共许可证）	受限开源	订阅收费	高	本地化赋能	MongoDB
双许可模式	GPL、MPL、LGPL	不限	商业许可证售卖	无	—	MySQL
嵌入广告模式	不限	完全开源	流量变现	无	—	Google
硬件捆绑模式	不限	不限	硬件设备捆绑销售	高	硬件集成	IBM

支持与服务模式是指企业免费提供开源软件，通过提供集成、培训、商业部署等专业的技术支持和咨询服务实现盈利。这种模式的优势在于能够与客户深度融合，但长远来看存在三方面的挑战和局限：一是提供的服务依赖人工，利润空间发展受限；二是技术服务难以批量复制、扩展和规模化；三是客户转化率低，通常仅有不到百分之十依赖关键任务系统的用户愿意付费，并且随着用户自建能力的逐步提升，其对外部支持服务的需求将不断减少。

云服务和托管模式是指企业将开源软件以软件即服务（SaaS）的形式托管在云端，通过将软件本身作为在线服务提供，收取月度或年度订阅费用。这种模式的优势在于能够显著降低用户的部署成本与维护门槛，提升企业的盈利规模与效率，但在商业生态和用户权益方面存在两方面的挑战和局限：一是将开源产品以 SaaS 模式提供意味着直接与大型公有云厂商竞争，从而增加了商业环境的不确定性；二是相比传统的软件授权模式，云服务和托管模式下用户可自行选择云平台或转向自行托管的解决方案，需要不断提升丰富的增值功能和有效的用户留存策略以保持企业竞争优势。

开放核心模式是指企业提供一个功能完整的开源基础版本，然后将专有功能（通常涵盖用户生产部署和大规模运维所必需的高级特性）以独立的付费模块、服务另外售卖。相比于云服务和托管模式，开放核心模式允许开源企业通过设置专有功能来建立一定的技术护城河，以此来抵御公共云厂商直接基于开源项目推出竞品服务的风险。然而，这一模式在实际操作中面临三方面的挑战和局限：一是开源与商业功能之间的边界尺度难以平衡，开源过多会导致专有功能的吸引力与商业价值被削弱，开源过少，则项目难以获得广泛的传播；二是开源版本与专有版本往往紧密耦合，彻底分离较为困难，增加了代码管理和维护成本；三是商业化决策与社区利益之间的冲突易损害开发者信任。一旦开源社区认为开源企业刻意限制开源功能以推动用户付费升级，可能引起社区成员的抵触情绪，甚至出现技术分叉项目，削弱原项目的市场主导地位和社区影响力。例如，Databricks 采取的是典型的开放核心模式，其核心产品 Apache Spark 由 Apache 基金会维护，完全开源。Databricks 将专有增值功能与 Spark 集成为企业版产品，以 SaaS 托管的方式在云端提供服务，企业用户可选择付费订阅 Databricks 的商业版本。

"开放核心+混合许可"模式是指企业将软件的核心功能完全开源，允许用户自由使用，但在同一产品或同一生态内提供额外的专有功能或扩展模块，这些专有部分使用限制性许可发布。企业用户既可以自由使用基础的开源版本，也可以通过购买商业许可证，解除专有功能模块中限制性许可证的使用限制，获得更广泛的商业使用权限。这一模式是在开放核心模式基础上的优化和延伸，继承了开放核心模式的核心优势，同时在商业保护与灵活性上有所改进。与此同时，这种模式除了面临与开放核心模式相同的局限，还会延伸。例如，在同一产品中混合使用不同许可证可能导致法律与兼容性难题。总体而言，开放核心模式与"开放核心+混合许可"模式的区别在于代码的开源程度和商业限制的灵活性不同。例如，美国软件服务公司 Confluent 基于 Apache Kafka 构建流数据平台，采取的是开放核心模式，并辅以定制的混合许可策略。Kafka 由 Apache 基金会维护，完全开源。Confluent 提供的企业版在 Kafka 的基础上增加了专有组件。2018 年，Confluent 将部分附加组件改用限制性许可协议"Confluent Community License"发布，允许用户免费使用，但禁止用户将这些组件用于与 Confluent 产品或服务竞争的 SaaS 产品，企业用户若希望在受限用途之外使用 Confluent 提供的高级专有组件，需要购买相应的商业许可证。

限制性许可模式是指企业通过采用具有限制性的许可证，推动企业用户付费使用软件。此类许可模式在一定程度上可以保护企业自身利益免受云厂商侵蚀，但在实际操作中也面临三方面的挑战和局限：一是此类许可模式具有的限制性可能会降低企业用户对开源软件的接受度，部分企业客户（特别是大型企业客户）出于倾向采用具有长期稳定性的许可证的考虑而拒绝使用；二是可能会削弱社区贡献的动力，从而限制软件的使用和分发；三是社区可能会基于原始开源版本创建竞争性分叉。因此，企业在选择限制性许可模式时，应谨慎考虑商业利益与社区生态之间的平衡关系。

双许可模式是指企业以开源许可证和专有许可证两种形式发布开源软件。企业用户可根据自身需求和偏好选择使用开源许可证下的社区发行版本及购买专有许可证下的商业发行版本。相比于单纯提供增值服务的开源项目，双许可模式盈利模式清晰，直接将软件使用转化为授权收益。但在实际操作中，这一模式面临三方面的挑战和局限：一是社区担忧企业为了商业利益而采取突然收紧开源版本授权、推迟开源版本更新等策略，开源贡献者担忧在社区自愿贡献的代码最终可能会被企业用于牟利，从而产生信任危机；二是双许可模式增加了许可证管理的复杂度；三是采用专有许可证意味着那些既想省钱又不满足仅使用开源部分的用户可能转向别处，直接回避该软件。综合来看，双许可模式强调通过专有许可证机制直接盈利，而开放核心模式或"开放核心+混合许可"模式更强调通过功能区分和增值服务间接盈利。

嵌入广告模式是指企业提供免费的开源软件，通过在软件界面或使用过程中嵌入广告的方式获取收益。这种模式的优势在于广告模式往往可以带来规模效应和网络效应：用户越多，广告收入越高，平台越有资源改进服务，从而吸引更多用户。但这一模式存在三方面的挑战和局限：一是过度依赖广告收入，盈利方式单一，存在规模增长的天花板；二是广告对用户体验可能造成负面影响，难以拓展至对用户体验要求较高的企业级市场；三是用户接受广告的容忍度有上限，一旦广告超过限度，用户流失风险加大。

硬件捆绑模式是指企业通过将开源软件与自有硬件产品深度绑定，依托硬件销售获取收入，同时打造一体化的生态体系。这一模式的核心优势在于软硬件协同优化，能够提供更出色的用户体验，并通过生态整合提升产品竞争力，有助于企业建立技术壁垒，提升用户黏性，在市场中占据更大的竞争优势。相比于单纯的软件销售，硬件捆绑模式的收入来源更加稳定，企业可以通过硬件销售获得直接盈利，同时通过软件和服务拓展长期收益。这一模式面临的挑战和局限体现在三方面：一是硬件捆绑模式往往强调高度集成和封闭生态，产品的开放性和兼容性可能受到影响；二是相比于软件的高频迭代，硬件的生产、销售和升级周期较长，市场需求的波动可能直接影响收入；三是硬件捆绑模式要求企业在软件和硬件两方面同步创新，这意味着企业需要做好长期技术规划和投入更高的研发成本。

综合来看，主流的八种开源软件商业模式各具特色。支持与服务模式以服务收费为主，客户黏性高，但难以实现规模化；云服务和托管模式依靠订阅服务的便利性实现用户规模增长，但面临公共云厂商的竞争压力；开放核心模式通过开源核心功能、提供额外专有功能形成差异化竞争力，但开源与商业功能之间的边界尺度难以平衡；"开放核心+混合许可"模式结合开源与专有功能优势，灵活界定免费与付费功能之间的界限，优化了盈利路径；限制性许可模式通过许可证直接限制竞争性商业用途，更加强力地保护企业利益，但易引发社区不满；双许可模式同时提供开源和商业两种许可证，平衡社区开放性与企业盈利诉求；嵌入广告模式通过免费开源迅速积累用户流量，以广告收入实现变现，但广告过多可能损害用户体验；硬件捆绑模式通过软硬件一体化方案构建竞争壁垒，收入稳定但受限于硬件市场规模和增长空间。开源企业需综合权衡各模式的优劣，精准匹配自身定位与市场需求，选择合适的商业模式，以实现长期稳健发展。

（二）开源项目发展核心评估要点

成功的商业开源项目往往能够在产业变革的早期阶段就准确洞察并迅速响应用户的核心需求，以创新的技术方案构筑明确的市场和技术壁垒，进而快速获得社区认可，形成用户增长与商业机会相互促进的良性循环（见图 10-2）。

图 10-2 不同投资阶段对开源项目的核心评估要点

（图片引用自《2021 中国开源年度报告》）

在产品开发阶段，企业对代码的所有权与控制权决定了企业在商业化过程中对发展方向与模式选择的掌控力和灵活性。只有确保对代码的主导权，企业才能避免因内部竞争或战略分歧导致的资源浪费和商业化受阻。此外，开源项目必须具备国际竞争力，这种竞争力取决于技术先进性、市场选择的精确度、全球化获客能力及社区运营能力。

在社区运营阶段，成功的开源项目往往拥有一个活跃且快速增长的社区，表现为高关注度、高参与度和持续贡献。社区活跃度可以通过 GitHub、Gitte 等代码托管平台上的 Star 数量、Fork 数量、Contributor 数量、Pull Request 频率及问答论坛活跃度等量化指标衡量。一个强大的社区能持续促进软件迭代优化，推动项目长期稳定发展，并为商业化转化提供稳定的潜在用户群。

在商业化探索阶段，最重要的是明确市场匹配程度和价值变现路径。产品与市场的匹配意味着软件能够快速获得广泛的初始免费用户；价值与市场的匹配则更侧重于验证用户是否愿意为特定的专有功能或增值服务付费。这些增值服务通常包括可靠性、安全控制、企业级性能优化、审计与监管合规等方面的功能或服务。确定产品与市场匹配后，企业需要根据自身产品特点、目标用户群体、市场环境及行业趋势进行综合考量，选取合适的商业模式。

通常来讲，开源项目实现营收需 1～5 年，实现盈利则还需 1～3 年（见表 10-2），这要求企业具备长期战略规划与耐心。逻辑严密的规划应当涵盖技术、社区和商业三位一体的发展蓝图。在每个阶段，都要平衡开源与商业的关系：既利用开源获取规模效应，又在恰当的环节实现价值捕获。如果只顾技术不顾商业，项目可能"叫好不叫座"；如果过早商业化或商业化方式不当，又可能失去社区信任。因此，循序渐进地从技术突破走向市场成功，是商业开源项目的必由之路。

表 10-2 部分企业开源项目营收和盈利时间

企　业	开源代表项目	开源时间	营收时间	盈利时间
MongoDB	MongoDB	2009 年	2011 年	2012 年
Databricks	Spark	2010 年	2015 年	2017 年
HashiCorp	Vagrant	2013 年	2016 年	2017 年
PingCAP	TiDB	2015 年	2017 年	2018 年

（三）商业开源软件企业融资规模情况

从 2021—2024 年全球商业开源软件企业融资规模（见图 10-3）来看，融资规模经历了从高速增长到逐步放缓，再到急剧下降的显著变化。2022 年融资总量快速攀升，从 2021 年的 22.93 亿美元猛增至 2022 年的 121.09 亿美元。这一阶段的快速增长主要得益于开源软件商业化迈入新的发展阶段：随着 HashiCorp、GitLab 等标杆性企业成功上市并获得百亿美元级估值，大量风险投资资金被吸引进入市场，以期捕捉下一波商业化红利。2023 年融资总量仍保持增长态势，融资金额达到 129.58 亿美元，但增速明显放缓。这表明市场经过前期的高速扩张，逐渐进入理性和冷静阶段，投资者开始更加审慎地评估开源项目的实际商业转化能力和盈利前景，资金的流入更加理性、趋于精细化。2024 年融资总量总体保持增长态势，融资金额达到 147.82 亿美元，但主要受 Databricks 完成 100 亿美元融资①的影响，若除去这笔融资,融资总量显著下滑至 47.82 亿美元。这种急剧下降主要受到全球经济环境不确定性增强、宏观经济处于下行周期及资本市场整体谨慎情绪的影响。在风险偏好降低的背景下，风险投资基金对包括商业化开源软件领域在内的各类项目的投资更加审慎和保守，资金开始向确定性更高、风险更低的项目倾斜，导致商业化开源软件领域的融资热度大幅降温。

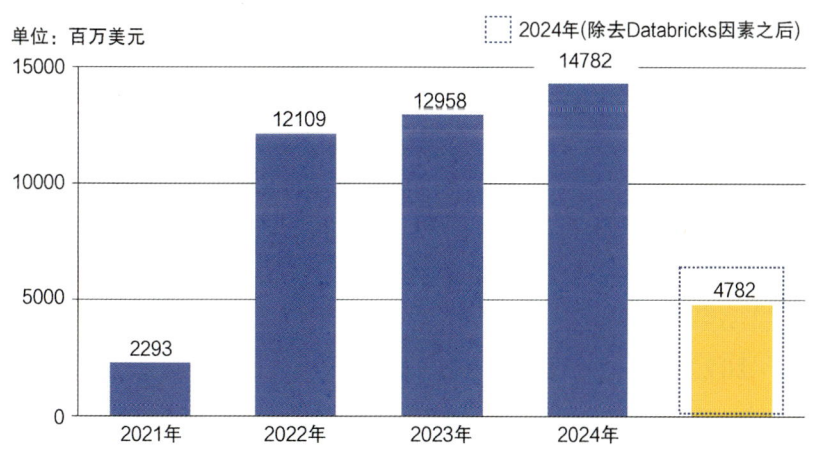

图 10-3　2021—2024 年全球商业开源软件企业融资规模

从 2021—2024 年各季度全球商业开源软件企业融资规模（见图 10-4）来看，2024 年一季度，受惯例投资节奏与市场情绪影响，投资者普遍保

---

① Databricks 官网。

持谨慎姿态，加之市场缺乏特别引人瞩目的明星开源项目，整体融资额偏低。进入二季度后，投资机构逐渐积极寻求新的布局机会，部分开源项目逐渐得到认可并获得资金关注，投资规模有所回升。三季度，虽然一些新兴开源项目逐渐显现潜力，但由于缺乏显著的突破性热点，加之受宏观经济的不确定性等因素影响，投资活跃度出现明显下滑。四季度，Databricks 凭借卓越的市场表现和稳健的商业模式，成功吸引大规模风险投资基金集中涌入，显著拉高了整个季度的投资规模。

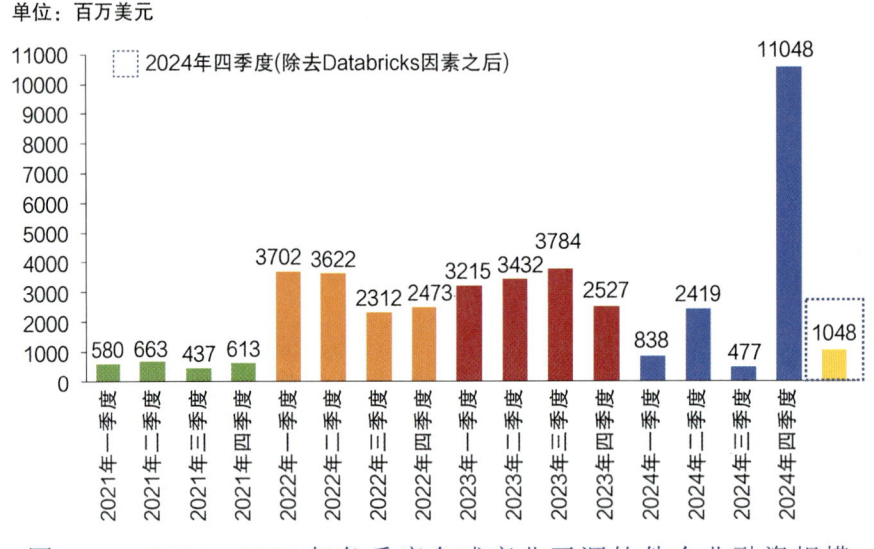

图 10-4　2021—2024 年各季度全球商业开源软件企业融资规模

从 2023—2024 年全球商业开源软件企业融资规模（见图 10-5）来看，相比于 2023 年，2024 年全球商业开源软件企业的整体融资规模依然保持活跃的原因主要是 Databricks 等极少数明星企业获得了大额融资。若除去 Databricks 的影响，2024 年的实际融资规模相比前几年明显收缩，反映出开源领域的整体投资热度有降温趋势。这一趋势表明，投资者在资本配置上日益谨慎，更倾向于押注成熟度更高、商业模式更清晰的头部企业，而早期开源项目和中小型开源项目获得融资的难度正在加大。这也进一步凸显了开源企业提升技术竞争力、优化商业模式、增

十、开源商业化发展态势

强市场吸引力的重要性,只有这样才能在复杂的投资环境下实现稳定且可持续的融资增长。

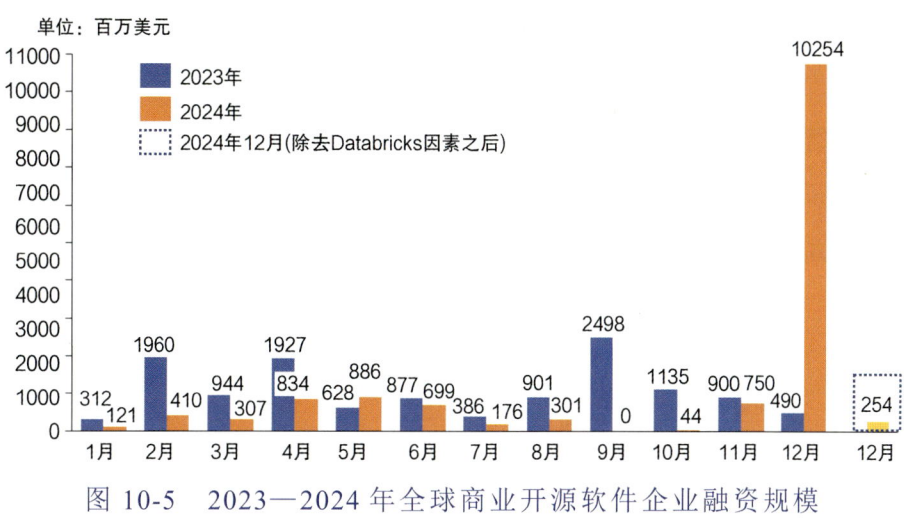

图 10-5　2023—2024 年全球商业开源软件企业融资规模

从 2020—2024 年全球商业开源软件企业融资规模分布（见图 10-6）来看,与 2020—2023 年相比,2024 年融资额在 1000 万美元至 3 亿美元区间的企业数量明显减少,融资额超过 5 亿美元的企业数量则显著增加。其中,2020—2023 年融资额在 1000 万美元以上的企业有 119 家,2024 年仅有 10 家;2020—2023 年融资额在 2000 万美元以上的企业有 91 家,2024 年仅有 20 家。而 2024 年融资额超过 5 亿美元的企业有 6 家,是 2020—2023 年融资总额的三倍。

从 2024 年中国部分商业开源软件企业融资情况（见表 10-3）来看,与全球情况类似,资金投向明显趋向集中化,并呈现出战略聚焦关键技术的趋势。一是投资规模逐步向头部企业集中。与前几年广泛分布于较低融资额度的情况不同,2024 年投资更倾向于流向更大规模的融资轮次,尤其是 10 亿元以上的智谱 AI、百川智能等高额融资项目,体现出资本倾向于支持具备成熟商业模式、强劲市场竞争力和可持续增长潜力的企业,对于早期开源项目和小型开源项目的投资则愈发审慎。二是投资机构高度活跃且呈现出明显的协同效应。北京市人工智能产业投资基金在 2024 年频繁出手，分别参与智谱 AI、百川智能、潞晨科技等多个项目。腾讯投资、阿里巴巴、顺为资本、好未来战略投资部也广泛参与多个重点项目的投资，资本联合出手的趋势明显增强。三是人工智能相关技术成为资本关注的绝对热点。2024 年融资金额和热度最高的智谱 AI、百川智能和稀宇科技均专注于人工智能领域。可以预见，在未来数年内人工智能将继续主导科技投资格局，并对开源软件领域的技术创新和商业模式演进产生深远影响。

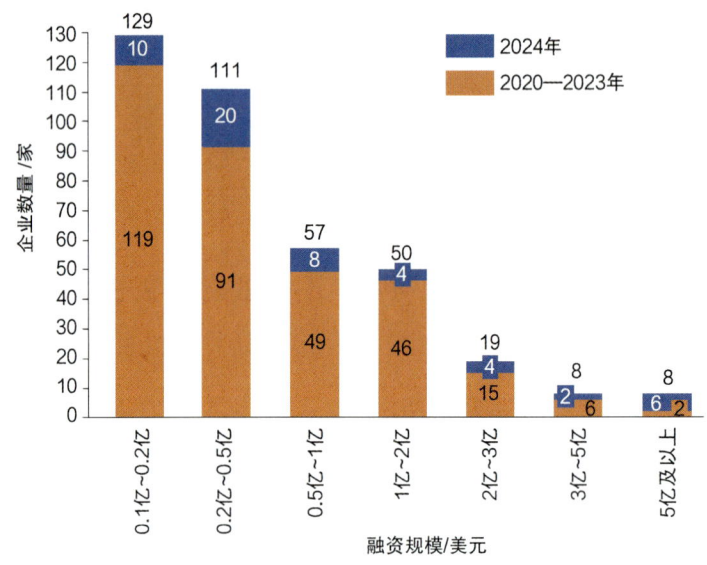

图 10-6　2020—2024 年全球商业开源软件企业融资规模分布

表 10-3　2024 年中国部分商业开源软件企业融资情况

企　业	轮次	披露时间	交易金额	投资机构
智谱 AI	D++轮	2024.12.30	未披露	北京尚融、中关村科学城、北商资本
	D+轮	2024.12.17	30 亿人民币	北京市人工智能产业投资基金、云晖资本、信科资本、君联资本、招商局创投、联融志道

续表

企　　业	轮次	披露时间	交　易　金　额	投　资　机　构
智谱 AI	D 轮	2024.09.05	数十亿人民币	领投：中关村科；跟投：蚂蚁集团、腾讯投资、顺为资本、红杉中国、高瓴创投、好未来战略投资部、华策影视
	C 轮	2024.01.17	未披露	北京市人工智能产业投资基金、光速光合
DaoCloud 道客	D 轮	2024.12.09	未披露	创业接力集团、徐汇科技
	Pre-D 轮	2024.02.09	未披露	上国投资产
MiniMax 稀宇科技	B 轮	2024.03.04	6 亿美元	阿里巴巴、云启资本等
百川智能	A+轮	2024.07.25	50 亿人民币	北京市人工智能产业投资基金、上海人工智能产业投资基金、阿里巴巴、腾讯投资、深创投、小米集团、中金资本、亚投资本、好未来战略投资部、卓源亚洲、顺为资本、红点中国、慕华科创、三七互娱创投基金、中贝通信、信雅达
潞晨科技	A++轮	2024.09.26	数亿人民币	北京市人工智能产业投资基金、领沨资本、石溪资本、Capstone Capital

（四）商业开源软件企业融资轮次情况

从 2020—2024 年全球商业开源软件企业融资轮次分布（见图 10-7）来看，呈现出明显的阶段性特点。早期阶段（种子轮、A 轮、B 轮）融资最为活跃，各轮次均实现不同程度的增长，其中 A 轮增长达到 52.3%，B 轮增长约 18.5%，反映出投资者对早期阶段项目的持续关注与积极布局；中期阶段（C 轮、D 轮、E 轮）整体融资走势趋于平稳，部分轮次仍有一定幅度的增长；后期阶段（F 轮、G 轮）融资则明显收缩，全年未见新增融资。值得注意的是，Growth 轮由于少数头部企业的大额融资带动，融资规模呈现出 272.7%的高速增长，表明了市场对已具备清晰商业模式和规模化优势企业的认可与追捧。整体而言，2024 年在人工智能技术快速突破和市场环境变化的共同影响下，投资机构对不同阶段项目的关注度更加明确，尤其对具备成熟商业路径的后期项目信心增强。未来需持续关注重点企业的融资动向、行业赛道的布局变化，以及投资策略的调整趋势。

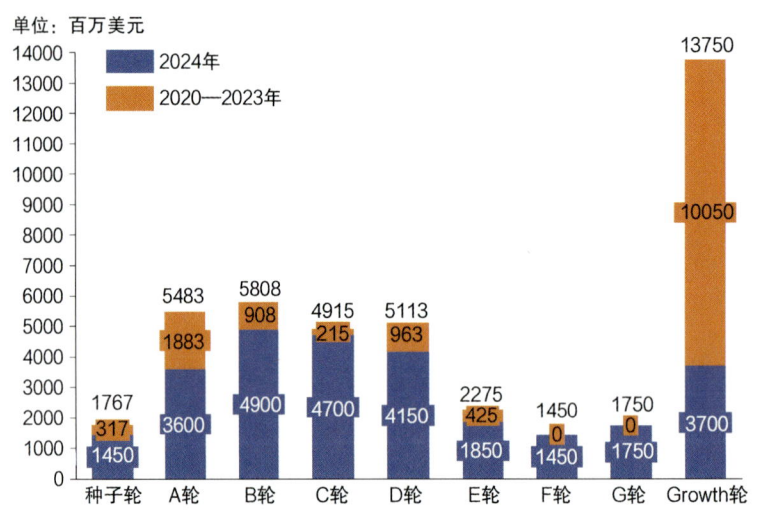

图 10-7　2020—2024 年全球商业开源软件企业融资轮次分布

从 2024 年全球商业开源软件企业融资领域分布（见图 10-8）来看，呈现出显著的多元化格局。其中，AI 基础设施领域获得 15 笔投资，工具链领域获得 11 笔投资，Web 3 领域获得 10 笔投资。此外，投资布局进一步拓展至 AI 应用、医疗科技、游戏、电子商务、机器人与物联网、硬件、云基础设施等领域。

十、开源商业化发展态势

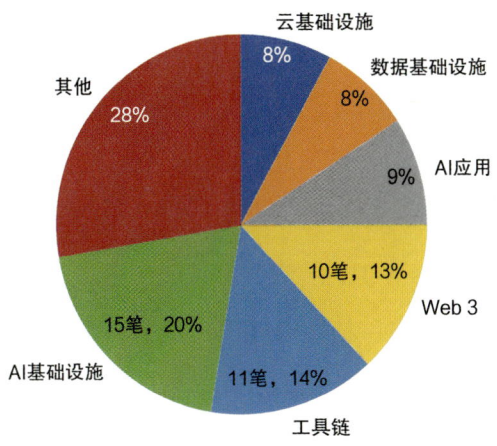

图 10-8　2024 年新获得融资的商业开源企业融资领域分布

从 2024 年中国商业开源软件企业融资轮次（见附录一）来看，同样呈现出更加集中的趋势。与前些年相比，资本分布逐步从广泛覆盖多个细分市场向重点扶持少数企业转变。过去，投资更多地分散在不同发展阶段的企业中，以支持早期创新，许多初创企业能够获得小额融资。然而，2024 年多元化投资有所收窄，资本更倾向于投向已具备成熟商业模式、市场份额较大或技术壁垒高的企业。

（五）部分商业开源软件企业发展情况

1. 国际商业开源软件企业 Databricks 发展情况

Databricks 成立于 2013 年，总部位于美国旧金山，由 Apache Spark 的核心开发团队创办，致力于将开源的 Apache Spark 商业化并推动其在数据智能场景中的广泛应用。

Databricks 自创立以来逐步完善以 Apache Spark 为核心的统一数据智能技术平台。2015 年，Databricks 率先推出 Databricks Cloud 平台，将 Apache Spark 部署至云端，极大地简化了企业级数据分析和计算任务的实施与管理。2016 年，公司进一步发布 Databricks Runtime 运行时环境，显著优化了 Apache Spark 在云环境下的性能表现和使用体验。2017

年，Databricks 主导推出开源项目 MLflow，提供了一套标准化的工具集，全面管理机器学习项目的实验、模型跟踪和部署等生命周期过程。2018 年，公司发布了 Delta Lake 开源项目，以 ACID 事务和版本控制机制成功解决了数据湖在高并发、大规模数据处理场景下的完整性与一致性问题。2019 年，Databricks SQL 正式推出，强化了平台在交互式数据查询和数据可视化分析方面的能力，使业务用户和数据分析师可以更直观、高效地使用数据。2020 年，Databricks 进一步提出 Lakehouse 架构的创新理念，通过融合数据湖的灵活性和数据仓库的管理能力，打造统一、高效的数据分析基础设施。

Databricks 持续推动技术创新与产品迭代。2021 年，在 Lakehouse 架构的基础上，公司正式推出 Databricks Lakehouse Platform，将数据工程、数据科学、机器学习及业务协作等功能全面集成在统一平台内，为企业提供端到端的数据智能解决方案。2022 年，Databricks 发布 Databricks SQL Analytics（后统一更名为 Databricks SQL），进一步提升了平台的数据探索和高级可视化分析能力。2023 年，公司发布 Lakehouse AI，体现了 AI 与 Lakehouse 架构的深度融合，显著增强了数据智能平台对大模型训练、AI 推理和数据应用场景的支持能力，有效解决了企业用户在数据与 AI 融合应用中面临的长期痛点与挑战，推动企业数据价值的深层次挖掘与释放。

在商业化路径方面，Databricks 依托开源技术生态与云端 SaaS 平台服务相结合的双轮驱动模式，成功构建了自身的竞争优势和稳固的收入结构。一方面，Databricks 的开源模式植根于创始团队在加州大学伯克利分校开发的 Apache Spark 项目。公司持续实施开源战略，通过开源项目（如 Delta Lake、MLflow）建立了庞大的技术生态，吸引了众多开发者与企业用户，迅速扩大了市场影响力与品牌认可度。Databricks 还通过标准化的 API，有效降低技术使用门槛，推动企业用户快速上手与部署，显著提升了平台的用户规模与生态活跃度。另一方面，Databricks

基于开源技术架构，打造了云端托管的 SaaS 订阅服务，采取纯云端运行的商业模式，无须进行本地化部署。平台服务采用灵活的计费机制，根据用户实际的计算资源消耗、使用时长及数据处理规模按需计费。同时，Databricks 通过企业级订阅服务，提供高级数据治理、安全与合规管理、企业定制化解决方案，以及高级机器学习模型管理服务（如模型训练、部署和生命周期管理），进一步增加收入来源。为强化客户体验与黏性，Databricks 还积极提供专业咨询、技术培训与实施支持等增值服务，帮助企业客户更好地实现平台价值，从而巩固客户忠诚度并促进价值的持续增长。整体来看，Databricks 借助其开源核心技术与云端 SaaS 服务深度融合的商业化策略，实现了技术生态与商业变现的高度协同，构建了强大的市场竞争力与稳健的收入增长基础。

近年来，Databricks 的年度经常性收入（ARR）保持高速且稳健的增长势头（见图 10-9）。具体来看，2018 年公司年度经常性收入首次达到 1 亿美元；2019 年翻倍增至 2 亿美元；2020 年增长进一步加速，达到 4.25 亿美元，同比增长 113%；2021 年公司延续强劲发展势头，扩大至 8 亿美元，同比增长 88%；2022 年继续稳步增长至 12.75 亿美元，同比增长 59%；2023 年攀升至 19 亿美元，同比增长 49%；2024 年 6 月再创新高，突破 24 亿美元，充分体现了 Databricks 强劲的市场竞争力与可持续的商业增长能力。

2. 国内商业开源软件企业 PingCAP 发展情况

PingCAP 成立于 2015 年，总部位于北京，是一家专注于企业级开源分布式数据库的技术厂商。其核心产品是分布式关系型数据库 TiDB，具有原生分布式存算分离、分布式事务、实时 HTAP 等特性，以满足关键业务对高性能、动态扩展和高可用性的需求，还具备数据强一致、水平弹性扩缩容、金融级高可用等特性。

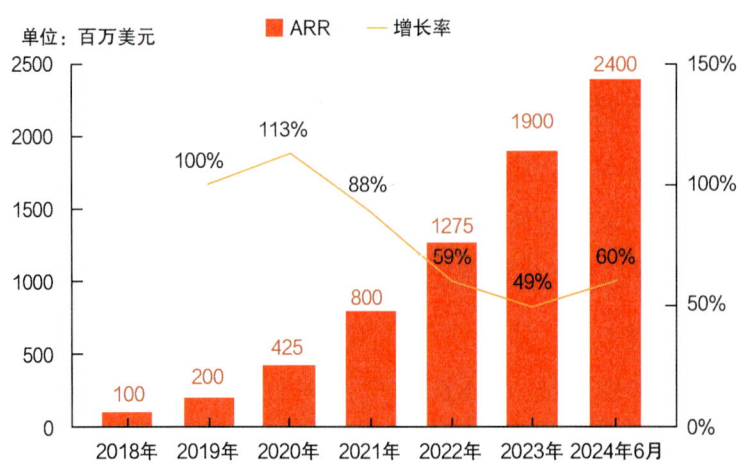

图 10-9　2018—2024 年 Databricks 的年度经常性收入增长

在商业化路径方面，PingCAP 的核心产品 TiDB 采用"开源基础版+订阅企业版"的开放核心模式，并辅以数据库即服务的云托管模式。具体而言，TiDB 以社区版和企业订阅版两个版本并行发展：社区版完全开源且免费提供全部核心功能，以吸引广泛的开发者和中小企业用户；企业版则在社区版的基础上提供增强的安全管理、性能优化及企业级服务支持，面向对数据库性能、稳定性和安全性有更高要求的大型企业客户，通过长期订阅的方式实现商业化。此外，自 2020 年起，PingCAP 还基于公有云环境提供"开箱即用"的 TiDB 云数据库托管服务，进一步满足用户的云端部署需求，提升商业化运营效率和服务体验。

在商业化进展方面，PingCAP 2024 年营收同比增长 100%，在全球数据库管理系统市场中以 97.9% 的增长率超越 Snowflake、ClickHouse 和 Cockroach Labs，成为增速最快的厂商，目前向包括中国、美国、欧洲、日本、东南亚等国家和地区的超过 1500 家企业提供服务，涉及金融、运营商、制造、零售、互联网、政府等多个行业。

3. 国内商业开源软件企业 DaoCloud 发展情况

DaoCloud（道客）成立于 2014 年年底，总部位于北京，是国内领先的云原生技术提供商。公司聚焦云原生核心技术研发，依托自主知识产权成功研发出新一代云原生操作系统 DaoCloud Enterprise（DCE）5.0，赋能企业实现数字化与智能化转型升级。基于长期的技术积累与持续的创新投入，DaoCloud 推出了面向企业用户的 d.run 算力一体化解决方案，积极参与并推动多个区域性算力枢纽中心建设，为各行业提供稳定、高效、可持续的算力支撑服务。

在商业模式方面，DaoCloud 更侧重企业级软件订阅和技术支持服务，而非传统的公有云托管模式。其核心产品 DCE 作为企业级云原生操作系统，可灵活部署在任意基础设施之上，帮助客户构建安全可靠的私有云或混合云平台。企业客户通常通过购买软件许可或年度订阅的方式获取 DCE 平台，同时获得相应的技术支持、咨询与增值服务。尽管 DaoCloud 早期曾探索公有云容器服务，但当前的盈利模式主要来自私有化部署、定制化解决方案及专业服务，包括帮助客户实施容器化改造、微服务架构落地及托管运维等服务。

在商业化进展方面，2023 年 2 月，DaoCloud 获得中电科核心技术研发投资基金近 1 亿元的战略投资。公司目前已服务超过 1000 名客户，广泛覆盖金融、制造、能源、政务、通信等多个重点行业，积累了众多具有行业标杆意义的典型客户案例，商业化进程稳步推进并不断取得实质性突破。

（六）开源商业化发展面临的困难和建议

1. 开源商业化面临的困难

一是低人力成本催生自研导向，限制规模化商业推广。中国企业在技术采购时倾向于通过自主研发或基于开源代码进行二次修改，鲜少直接购买商业化开源产品或订阅服务。这一偏好主要源于企业普遍认为自主研发的综合成本明显低于外部采购费用。特别是在开源代码免费且易于获取的背景下，企业更加倾向于人力投入而非软件采购支出。这种固有思维极大地限制了国内开源软件公司推广标准化产品和服务的规模效应，导致难以形成规模化营收和可持续发展的商业模式。

二是"软件免费"认知偏差，用户付费意愿不足。国内软件市场长期存在"重硬轻软"的倾向，即企业愿意为服务器、存储、网络等硬件设施支付高昂的费用，却往往低估软件产品与服务的长期商业价值，将软件视作硬件的附属品或一次性支出。这种认知惯性导致企业对于持续性的软件增值服务（如安全更新、技术支持、版本升级等）缺乏付费动力。与此同时，"开源等于免费"的误解进一步降低了用户付费意愿。大量企业习惯无偿使用开源软件的社区版本，并通过社区自助的方式解决问题，而不愿意为更高水平的企业级服务付费。这种状况不仅提高了开源企业的市场教育成本，也大幅提升了实现商业转化的难度。

三是开源定制化需求主导，标准化产品难以实现规模复制。当前，国内商业开源软件企业普遍采用项目定制化开发模式，业务收入过度依赖少数头部客户（如大型企业或政府部门）。尽管短期内定制化开发模式能够带来相对高额的收入，但从长远来看存在三方面缺陷。首先，客户依赖性过强且议价能力较弱，头部客户凭借市场优势持续施压，要求降价或增加额外服务，压缩了开源企业利润空间。其次，研发与交付成本较高，客户独特性的需求导致研发成果难以被标准化复用，项目投入高、资源重复浪费严重、技术升级和维护成本日益攀升，制约了企业的技术创新与规模效应。最后，利润模式单一，收入增长难以长期持续。客户集中度高、成本难控，导致收入增长曲线难以稳定且难以长期预测。相比之下，欧美成熟开源企业主要依靠标准化产品（如 SaaS 订阅模式）实现规模化增长，建立了长期、稳定且可预测的盈利模式和收入体系。

四是投资机构对于开源的认知偏差，导致投资决策趋于谨慎。目前，一些投资机构在开源项目投资上仍持保守态度，其根本原因在于对开源

十、开源商业化发展态势

理念的理解不够深入,甚至存在一定的误区。具体表现为:一是将开源简单视作免费使用,忽视了开源背后的商业价值和可持续盈利模式;二是误认为开源缺乏安全保障,认为闭源更能有效保护核心技术和数据安全;三是认为开源项目门槛较低、市场壁垒不高,闭源产品更易建立稳固的竞争优势。这些认知偏差显著制约了开源项目在资金募集、产业资源整合和市场推广方面的效率与规模。实际上,开源与闭源本质上仅是实现商业目标的不同路径,并非决定竞争力的根本因素。企业真正的竞争优势在于持续的技术创新、完善的生态体系及成熟的商业模式,而非简单地以是否开源作为判断标准。

2. 开源商业化的发展建议

一是拓宽技术赛道,布局全球化市场。开源项目所处赛道的宽度直接影响其可触及的用户规模和未来市场的增长空间。应优先选择更广泛、更普适的核心技术领域,以夯实潜在用户基础,吸引更多开发者参与生态建设,从而加速生态整体发展。同时,应紧密围绕全球市场的普遍需求和核心痛点,积极打造能够面向全球市场的通用性技术解决方案,赢得全球开发者的广泛认可,进而建立具有国际竞争力的开源社区和品牌影响力。

二是聚焦技术领先,持续强化创新优势。领先的技术水平是开源项目获得开发者青睐与市场认可的关键基础,也是保持竞争优势的核心要素。开源企业应持续加大对前沿技术研发的投入力度,建立敏捷高效的快速迭代机制,以始终保持技术领先地位,并能够快速响应市场需求变化和技术演进趋势。在全球竞争日益加剧的背景下,企业应积极对标国际一流技术标准,不断推出具有国际竞争力的创新产品,牢牢掌握市场主动权与生态主导权。

三是提升获客能力,聚焦标杆客户营销。商业化成功高度依赖精准高效的市场营销与获客策略。开源企业需集中资源,优先锁定并深耕具

有行业影响力的头部客户，尤其是在中美等核心市场中的龙头企业。通过与这些标杆客户深入合作，快速积累有市场影响力的成功案例和品牌口碑，进而吸引更多企业用户和开发者加入开源生态。同时，企业还应构建体系化的客户反馈与需求收集机制，及时将客户反馈转化为产品的迭代升级输入，形成高效的产品创新闭环，不断提升用户满意度和市场竞争力。

参编单位

参编单位：中国信息通信研究院、国家工业信息安全发展研究中心、中国电子信息产业发展研究院、中国科学院软件研究所、清华大学软件学院、北京大学计算机学院、上海对外经贸大学开源创新与数字治理研究院、云启资本、华为技术有限公司、奇安信科技集团股份有限公司、中国软件行业协会投资专业委员会。

数据支撑：OSS Compass 社区。

致谢

本报告在编制过程中，得到了业务主管部门、部属事业单位、科研机构、高等院校、企业及社区的广泛参与和有力支持。各方发挥专业所长、密切协同，推动报告编制工作顺利进行。

工业和信息化部信息技术发展司对本报告提出了宝贵的指导意见。

北京大学计算机学院和 OSS Compass 社区对本报告的核心数据提供重要支持，全面呈现了活跃开源项目数量、活跃开源开发者数量等关键指标的演进态势；中国电子信息产业发展研究院、中国科学院软件研究所对开源技术驱动因素、生态体系构建与发展趋势展开研究；中国信息通信研究院则聚焦"重点行业领域开源应用态势"，提出前瞻性见解。

国家工业信息安全发展研究中心系统研究了地方开源发展态势；华为技术有限公司、奇安信科技集团股份有限公司深入研究了开源安全治理实践；清华大学软件学院则在开源学术理论体系方面深入拓展；云启资本和中国软件行业协会投资专业委员会深入研判开源商业模式演化与投资环境走势。

此外，上海对外经贸大学开源创新与数字治理研究院对开源的重要价值贡献了观点。

谨向所有为本报告编制做出贡献的单位表示衷心感谢。未来，期待与各界携手同行、深化合作，贡献更多中国智慧。

附录 2024年中国商业开源软件企业融资轮次

企业	开源项目	公司业务	最新一轮融资轮次	最新一轮融资金额	最新一轮融资时间	投资方	GitHub Star /个	GitHub Fork /个
支流科技	Apache APISIX	微服务 API 网关	A+轮	数百万美元	2021年6月	经纬创投、顺为资本、真格基金	13200	2400
白鲸开源	Apache Dolphin Scheduler	云原生 DataOps 平台	Pre-A 轮	数千万元	2022年7月	凯泰资本、蓝驰创投	10100	3700
飞轮科技	Apache Doris	云原生实时数仓	Pre-A 轮	数亿元	2023年6月	未披露	7100	2100
偶数科技	Apache HAWQ	Hadoop SQL 分析引擎	B+轮	近2亿元	2021年8月	HongShan红杉中国、红点中国、腾讯投资	700	330
天谋科技	Apache IoTDB	时序数据库系统	A 轮	未披露	2024年2月	诚美资本	3200	800

附录　2024年中国商业开源软件企业融资轮次

续表

企业	开源项目	公司业务	最新一轮融资轮次	最新一轮融资金额	最新一轮融资时间	投资方	GitHub Star /个	GitHub Fork /个
跬智信息技术	Apache Kylin	大数据联机分析处理引擎	D轮	7000万美元	2021年4月	浦银国际、中金资本、歌斐资产、国方创新、ASG、宏兆基金、浦信资本、斯道资本、顺为资本、红点中国	3600	1600
StreamNative	Apache Pulsar	分布式消息队列	A+轮	未披露	2023年	Prosperity7 Ventures、华泰创新、HongShan红杉中国、源码资本	12800	3300
SphereEx	Apache ShardingSphere	分布式数据库可插拔生态	Pre-A轮	近1千万美元	2022年1月	嘉御资本、红杉中国种子基金、初心资本、指数资本	18500	6300
安托盟丘（AutoMQ）	automq-for-rocketmq automq-for-kafka	流存储软件和消息队列	天使轮+	数千万元	2023年11月	初心资本、银杏谷资本	210	38

167

续表

企业	开源项目	公司业务	最新一轮融资轮次	最新一轮融资金额	最新一轮融资时间	投资方	GitHub Star /个	GitHub Fork /个
智谱 AI	ChatGLM	大语言模型	D++	未披露	2024年12月	北京尚融、中关村科学城、北商资本	45300	6200
潞晨科技	Colossal-AI	高性能企业级AI解决方案	A++轮	数亿元	2024年9月	北京市人工智能产业投资基金、领沨资本、石溪资本、Capstone Capital	7200	650
Chatopera	cskefu	多渠道智能客服系统	天使轮	数百万元	2018年8月	Plug and Play China	2300	750
数变科技	Databend	云数仓	天使轮	数百万美元	2021年8月	高瓴创投、华创资本、九合创投	5100	520
Dify.AI	Dify	LLMOps 平台	天使轮	未披露	2024年8月	CNZZ、阿里巴巴	12500	1650
映云科技	EMQX	MQTT 消息中间件	B轮	1.5亿元	2020年12月	未披露	11200	2000

续表

企业	开源项目	公司业务	最新一轮融资轮次	最新一轮融资金额	最新一轮融资时间	投资方	GitHub Star /个	GitHub Fork /个
TensorChord	Envd	MLOps	种子轮	数百万美元	2022年11月	高瓴创投、云九资本	1400	110
燧拓科技	FydeOS	基于Chromium的操作系统	Pre-A轮	数千万元	2022年2月	菁云科技	1600	200
泛化智能	GAAS	无人机自主飞行方案	—	未披露	2018年10月	新势能基金	1800	420
GeekCode	Geekcode.cloud	云开发环境	种子轮	数百万元	2022年4月	国宏嘉信资本	45	3
Gitee	git	Git代码托管	B+轮	7.75亿元	2023年7月	未披露	—	—
极狐	GitLab	DevOps工具解决方案	A++轮	数千万元	2022年9月	天堂硅谷、红华资本、青岛极狐效	—	—
白海科技	IDP	AI数据开发平台	种子轮	数千万元	2021年12月	宏科百世、真知创投	18	4

续表

企业	开源项目	公司业务	最新一轮融资轮次	最新一轮融资金额	最新一轮融资时间	投资方	GitHub Star /个	GitHub Fork /个
艾拉云科	illa-builder	低代码开发平台	天使轮	数百万美元	2022年9月	源码资本、高瓴创投、奇绩创坛	2500	130
极纳科技	Jina	多模态神经网络搜索框架	A轮	3000万美元	2021年11月	Canaan Partners、Mango Capital、纪源资本、SAP.iO Fund、云启资本	17500	2100
Juicedata	JuiceFS	分布式文件系统	天使轮	数百万元	2018年10月	华创资本、Foothill Ventures	7500	620
谐云科技	Kingdling	容器云产品及解决方案	B+轮	超1亿元	2022年1月	深创投集团、远桥资产、杭州文逸、余杭国投集团、永禧资产、阿里巴巴、城云科技、新湖中宝、福生创投	280	58

附录 2024年中国商业开源软件企业融资轮次

续表

企业	开源项目	公司业务	最新一轮融资轮次	最新一轮融资金额	最新一轮融资时间	投资方	GitHub Star /个	GitHub Fork /个
飞致云	JumpServer	云计算及DevOps	D+轮	1亿元	2022年4月	君联资本、嘉御资本、太平创新	20300	5000
才云科技	Kubernetes	容器云平台	并购-字节	未披露	2020年7月	字节跳动战略投资部	95200	35000
泽拓科技	Kunlun	分布式数据库	A轮	未披露	2023年4月	复星创富、常春藤资本	115	16
深之度科技	LinuxDeepin	Linux操作系统	并购-统信软件	未披露	2020年3月	统信软件	420	72
矩阵起源	Matrixone	数据智能	Pre-A轮	数千万美元	2024年5月	世纪互联、Honour Base	1400	220
澜舟科技	Mengzi	大语言模型	Pre-A+轮	数亿元	2023年3月	中关村科学城、斯道资本、创新工场	560	65

续表

企业	开源项目	公司业务	最新一轮融资轮次	最新一轮融资金额	最新一轮融资时间	投资方	GitHub Star /个	GitHub Fork /个
Zilliz	milvus	向量搜索引擎	B+轮	6000万美元	2022年8月	Prosperity7 Ventures、Pavilion Capital、高瓴创投、五源资本、云启资本	17000	2300
欧若数网	Nebula	分布式图数据库	Pre-A+轮	近1千万美元	2020年11月	源码资本、经纬创投、红点中国	8600	950
悦数科技	NebulaGraph	分布式图数据库	A轮	数千万美元	2022年9月	时代资本、经纬创投、红点中国、源码资本	10200	1200
一流科技	oneflow	深度学习框架	并购-美团	—	2023年	光年之外	4300	490

附录 2024年中国商业开源软件企业融资轮次

续表

企业	开源项目	公司业务	最新一轮融资轮次	最新一轮融资金额	最新一轮融资时间	投资方	GitHub Star /个	GitHub Fork /个
面壁智能	OpenBMB	大模型应用	A+轮	数亿元	2024年12月	龙芯创投、鼎晖百孚、中关村科学城、赛富投资基金、北京市人工智能产业投资基金、清科创投、海尔赛富	370	50
易捷行云	OpenStack	IaaS	E轮	未披露	2021年7月	京东科技	4800	1700
原语科技	PrimiHub	隐私计算	天使轮+	数千万元	2022年10月	瑞昇投资	270	62
好雨科技	Rainbond	企业应用云操作系统	Pre-A轮	数百万元	2016年8月	未披露	3800	680
快用云科	QuickTable	无代码数据建模工具	—	未披露	2021年8月	元气森林、天津成森、挑战者创投	8	4

续表

企业	开源项目	公司业务	最新一轮融资轮次	最新一轮融资金额	最新一轮融资时间	投资方	GitHub Star /个	GitHub Fork /个
睿赛德科技	RT-Thread	物联网操作系统	—	未披露	2024年7月	临港新片区基金、德载厚、赛西威、混改基金	8000	4300
巨杉数据库	SequoiaDB	分布式关系型数据库	D轮	数亿元	2020年10月	中金资本、元禾重元、越秀产业基金	310	120
边无际科技	Shifu	物联网软件开发框架	A轮	未披露	2022年6月	阿米巴资本	210	22
鼎石纵横	StarRocks	MPP分析型数据库	B轮	未披露	2022年1月	Atypical Ventures	3800	810
石原子科技	StoneDB	实时HTAP数据库	天使轮	数千万元	2022年2月	银杏谷资本、恒生电子、深澜资本、曦域资本、远景长青	650	105
TabbyML	TabbyML	开源AI编程助手	种子轮	未披露	2023年7月	云启资本	14500	530

续表

企业	开源项目	公司业务	最新一轮融资轮次	最新一轮融资金额	最新一轮融资时间	投资方	GitHub Star /个	GitHub Fork /个
太极图形	Taichi	数字内容创作基础设施	A轮	5000万美元	2022年2月	BAI资本、源码资本、纪源资本、HongShan红杉中国	22500	2200
钛铂数据	Tapdata	实时数据服务平台	Pre-A+轮	数千万美元	2021年7月	XVC、德联资本	230	55
涛思数据	TDengine	时序空间大数据引擎	B轮	4700万美元	2021年5月	经纬创投、HongShan红杉中国、纪源资本、指数资本	21000	4800
PingCAP	TiDB	分布式数据库	E轮	未披露	2021年7月	红杉、GIC新加坡政府投资公司、五源资本、纪源资本、BAI资本	33500	5500
数字天堂	uni-app	Vue语法的统一前端框架	股权转让	未披露	2024年4月	极客帮创投	38000	3500

续表

企业	开源项目	公司业务	最新一轮融资轮次	最新一轮融资金额	最新一轮融资时间	投资方	GitHub Star /个	GitHub Fork /个
灵奥科技	Vanus	大模型中间件	种子轮	数百万美元	2023年7月	靖亚资本、Plug and Play	2300	115
未来速度	Xorbits	分布式数据科学计算框架	天使轮	数百万美元	2023年2月	耀途资本 Glory Ventures	950	60
乐维软件	Zabbix	IT运维管理	A轮	未披露	2022年11月	飞思达科技	2700	770
KodeRover	Zadig	云原生软件交付云	Pre-A轮	数千万元	2021年8月	经纬创投、盈动资本	1900	640
易软天创	zentaopms	Agile项目管理	A轮	数千万元	2021年10月	高成投资	950	280
云轴信息	ZStack	IaaS	C+轮	未披露	2023年7月	北京信息产业发展基金	1300	390
MiniMax稀宇科技	MiniMax-AI	通用大模型	B轮	6亿美元	2024年3月	阿里巴巴、云启资本等	1100	73